Chez le même éditeur
Collection « Sciences »

ALVAREZ Walter, *La Fin tragique des dinosaures.*

BARROW John, *Les Origines de l'Univers.*

DAVIES Paul, *Le Big Crunch. Les trois dernières minutes de l'Univers.*

DAWKINS Richard, *Le Fleuve de la vie. Qu'est-ce que l'Evolution ?*

DENNETT Daniel, *La Diversité des esprits.*

DIAMOND Jared, *Pourquoi l'amour est un plaisir. L'Evolution de la sexualité humaine.*

FIEBAG Johannes et SASSE Torsten, *Mars, planète de la vie.*

KANDEL Robert, *Les Eaux du ciel.*

LASZLO Pierre, *Chemins et savoirs du sel.*

LEBEAU André, *L'Espace. Les Enjeux et les mythes.*

LEAKEY Richard, *L'Origine de l'humanité.*

MEYER Philippe, *Leçons sur la vie, la mort et la maladie.*

MEYER Philippe, *De la douleur à l'éthique.*

NOTTALE Laurent, *La Relativité dans tous ses états.*

RAMADE François, *Le Grand massacre. L'Avenir des espèces vivantes.*

STEWART Ian, *La Nature et les Nombres.*

VIDAL-MADJAR Alfred, *Il pleut des planètes.*

LES HORLOGES DU VIVANT
Un nouveau stade de la théorie de l'évolution ?

Du même auteur

Le Quaternaire, l'histoire humaine dans son environnement, Doin, 1972.

L'Evolution biologique humaine, PUF. Que Sais-Je ?, n° 1 996, 1982.

L'Histoire de l'homme et les climats au Quaternaire, Doin, Paris, 1985.

Paléontologie des Vertébrés, Dunod, Paris, 1987.

Vertebrate Paleontology, Springer Verlag, Heidelberg, 1990.

Une famille peu ordinaire. Du singe à l'homme : les preuves, Seuil, Paris, 1994.

L'Evolution humaine, PUF, Que Sais-Je ? (2ᵉ ed. révisée), 1996.

(sous le pseudonyme d'Ivan Petrovitch C)., *Opération Adam*, Le Cerf, Paris, 1997, 273 p.

Adam, roi des singes. Un vidéofilm de 52 minutes de Jean Paul Fargier et Jean Chaline. Coproduction les Films d'Ici, La Cinquième, l'université de Bourgogne et le CNRS, 1997.

Jean Chaline

LES HORLOGES DU VIVANT

Un nouveau stade de la théorie de l'évolution ?

Sciences

HACHETTE
Littératures

Sommaire

Avant-propos et remerciements 11

Chapitre premier
Les anciens concepts intégrés dans le stade
synthétique 17

Chapitre 2
Le stade *synthétique* 39

Chapitre 3
La révolution moléculaire 51

Chapitre 4
Hiérarchie du vivant et rénovation cladistique 63

Chapitre 5
Continuité et discontinuité 73
Les remises en cause de la paléontologie

Chapitre 6
Reconsidération du rôle du hasard 85

Chapitre 7
Le hasard événementiel et la contingence 93

Chapitre 8
Les dérèglements du développement 111
Les horloges du vivant

Chapitre 9
Les mécanismes génétiques des *horloges du vivant* 143

Chapitre 10
Du stade *synthétique* au stade des *horloges du vivant*   173

Références 209

Table des matières................................. 231

A Marie-Claude, Emmanuel et Olivier

A tous ceux
qui ont contribué
à l'élaboration de la
Théorie de l'évolution
et
à ceux qui m'ont initié,
Charles Devillers, René Lavocat, Henri Tintant
et bien d'autres, en particulier
à Steve Gould pour ses merveilleuses chroniques…

Avant-propos

L'objectif de ce livre est de montrer l'actualité de la théorie de l'évolution et de faire le point sur son présent état d'avancement aux abords de l'an 2000.

Cette théorie, dont la première formulation est due à Jean-Baptiste Pierre Antoine de Monet, chevalier de Lamarck en 1809 sous le nom de *transformisme*[1], a fait depuis cette époque, où la science en était à ses premiers balbutiements, les preuves de sa crédibilité scientifique. Le grand public se méprend souvent sur la nature des théories qui ne sont pas des dogmes définis une fois pour toutes, mais des vues globales temporaires qui se remplacent les unes les autres au cours du temps. Une théorie est formulée à un moment donné et doit intégrer et expliquer tous les faits connus alors. Les découvertes ultérieures montrent généralement que les choses sont encore beaucoup plus compliquées qu'on ne l'avait pensé et impliquent de réviser la théorie en formulant un stade plus avancé. Chaque nouvelle étape de la théorie intègre donc les acquis de la théorie précédente, mais en élimine aussi les incertitudes et les idées qui n'auraient pas été confirmées ; elle s'enrichit également des nouvelles conceptions.

Comme Etienne Klein l'a montré dans *Conversations avec le Sphinx*[2], les théories sont proposées pour résoudre des observations paradoxales qui paraissent défier le bon sens commun ou les dogmes enseignés et imposés... C'est le cas de la théorie du transformisme qui a été formulée par Lamarck pour tenter d'expliquer les modifications morphologiques temporelles qu'il observait dans les coquilles marines fossiles des gastéropodes du bassin de Paris, phénomène qui était paradoxal par rapport aux conceptions admises alors du créationnisme et du fixisme. C'est ainsi que, de paradoxe en paradoxe, les théories s'enrichissent de plus en plus et deviennent de plus en plus explicatives et étayées. La théorie de l'évolution en est un bon exemple.

Dans ce cas particulier, on constate que tous les cinquante ans, la formulation précédente de la théorie s'est trouvée remise en cause par l'émergence de nouveaux paradoxes et les progrès techniques des recherches qui ont permis d'accéder à de nouveaux niveaux d'observation du vivant. Il en est résulté des reformulations de la théorie, conservant les acquis et intégrant les nouvelles hypothèses.

La théorie de l'évolution s'est développée en cinq grands stades successifs qui peuvent être formulés comme suit :

– 1809 : stade du transformisme de Lamarck ; en opposition au catastrophisme de Cuvier [3] ;

– 1859 : stade de la théorie de la descendance avec transformation de Darwin [4] et Wallace, ou darwinisme ;

– 1900-1910 : stade de la théorie du mutationnisme de De Vries [5] et Morgan [6] ;

– 1930-1947 : stade de la théorie synthétique de l'évolution [7-15], encore appelé néodarwinisme ;

– 2000 : nouveau stade plus global de la théorie de l'évolution, celui des horloges du vivant ? Cet ouvrage permettra d'en juger.

Nous partirons du stade synthétique de la théorie de l'évolution et montrerons comment depuis cinquante ans les progrès techniques et les nouvelles conceptions ont, d'une part, remis en cause certaines idées du néodarwinisme et, d'autre part, enrichi la théorie de l'évolution qui devient de plus en plus explicative.

Il faut savoir cependant que ces retouches alimentent une polémique scientifico-idéologique [16-19] qui bat son plein encore aujourd'hui, parce que, au-delà de l'aspect scientifique des remises en cause normales dues aux avancées de la recherche, la théorie de l'évolution a des implications religieuses ou philosophiques majeures. C'est dire que Darwin, cent cinquante ans après la publication de son livre *De l'Origine des espèces*[4], n'a pas fini d'alimenter un débat passionné où la subjectivité et l'idéologie l'emportent trop souvent sur l'objectivité recherchée de la réflexion scientifique. Ce livre se place exclusivement sur le plan scientifique.

Remerciements

La rédaction d'un ouvrage implique la collaboration de nombreuses personnes. Je veux ici remercier plus particulièrement tous ceux qui ont bien voulu accepter la tâche très ingrate de relire les premiers manuscrits. Grâce à leurs remarques pertinentes, à leurs critiques et à leurs suggestions, l'ouvrage a été considérablement amélioré. Parmi ces amis, je citerai plus particulièrement Mme Françoise Magniez, MM. Frank Cézilly, Bruno David, Jean-Louis Dommergues, Pierre Grou, Laurent Nottale, Didier Marchand et Olivier Postel-Vinay. Je n'oublie pas mon épouse Marie-Claude qui a dû supporter les contraintes qu'entraîne la rédaction d'un livre. Sans toutes ces collaborations et l'aimable encouragement que lui a réservé Louis Audibert, ce livre n'aurait sans doute jamais vu le jour.

Dijon, le 15 janvier 1999

Chapitre premier

LES ANCIENS CONCEPTS INTÉGRÉS
DANS LE STADE SYNTHÉTIQUE

Toutes les polémiques relatives à la *théorie de l'évolution* viennent en partie du fait qu'il y a souvent confusion entre le *stade* atteint par la théorie, constamment remis en cause par l'avancement des sciences et la *théorie* elle-même, qui est seulement contestée par les créationnistes sur des arguments non scientifiques.

La *théorie synthétique de l'évolution* des années 1940 correspond à l'un de ces stades et c'est pourquoi dans ce livre nous parlerons du stade *synthétique* de la théorie. Ce stade n'a pas été élaboré en un seul événement scientifique qui aurait eu d'emblée un caractère globalisant. Les formulations précédentes de la théorie, depuis le *transformisme* de Lamarck[1], ont été successivement remises en cause par l'émergence de nouveaux concepts et les progrès techniques considérables des recherches qui ont permis d'accéder à des niveaux d'observation de plus en plus fins du vivant.

Nous commencerons par faire un inventaire explicatif des principales *idées démontrées* qui constituent les fondements solides du stade *synthétique* de la *théorie de l'évolution,* afin de rendre hommage à la sagacité de leurs auteurs et en réhabiliter certains, oubliés pour avoir eu des idées justes, mais trop précoces.

1.1 – Les idées de transformisme et d'évolution graduelle

L'idée même de transformisme, si elle a été formulée sans ambiguïté par Lamarck, avait déjà été esquissée par Georges Louis Leclerc de Buffon dans les *Epoques de la nature*[20] où il s'interrogeait sur la transformation des êtres vivants. Après avoir cru en la fixité des espèces, Buffon avait eu le pressentiment d'une modification de celles-ci sous l'influence du *temps, du milieu, de la nourriture et des maux de l'esclavage* (la domestication) et il avait donné des exemples de *la filiation des généalogies de la nature* obtenues par des *transformations infinies*. Il se demandait, par exemple, si les animaux classés dans une même famille, comme l'âne et le cheval, n'avaient pas un ancêtre commun ? Et il extrapolait même à l'homme en se demandant si l'homme et le singe n'auraient pas, eux aussi, une origine commune ? Le propos était très audacieux pour l'époque. S'il en était ainsi, suggérait-il, il faudrait supposer que tous les animaux sont venus d'un même animal en se perfectionnant ou en dégénérant. Mais Buffon n'a pas osé aller plus loin dans son discours pour des raisons d'*imprimatur*.

Lamarck, élève de Buffon, a repris après la Révolution française cette idée et en a fait la *théorie du transformisme*[1]. Le transformisme concerne en premier le perfectionnement graduel des corps, c'est-à-dire la continuité de la vie sur terre et sa transformation progressive. Ces idées étaient complètement opposées à la vision créationniste biblique* et à la conception qui tentait de concilier la Bible et la science, ce que l'on appelle le concordisme. La *théorie du*

---

* Dans la conception créationniste de la vie, chaque espèce aurait été créée par Dieu indépendamment les unes des autres. Comme les espèces créées sans lien entre elles sont par définition parfaites, cela entraîne comme conséquence la stabilité des espèces, ou fixisme.

catastrophisme développée par Cuvier[3] était une approche concordiste, puisqu'elle tentait d'harmoniser les données paléontologiques et géologiques, les faunes différentes des époques successives de la nature avec la Genèse biblique. Le monde aurait été marqué par une succession de catastrophes qui auraient éliminé les faunes antérieures, mais Cuvier restait prudent sur l'apparition miraculeuse des nouvelles faunes. La dernière des catastrophes de Cuvier correspondait au déluge biblique ; il y avait donc une cohérence apparente entre la science et la Bible.

La théorie du transformisme proposait le fondement de la conception d'une évolution naturelle graduelle qui transforme, avec le temps, une espèce ancestrale en une nouvelle espèce sous les contraintes de l'environnement. Cette idée a été reprise ensuite par Lyell[21] et bien d'autres... Darwin en revendiquera la paternité[4], mais Lamarck en a la priorité !

C'est dans la recherche d'un mécanisme évolutif que Lamarck et Darwin auront des idées entièrement différentes. Pour Lamarck, deux lois expliquent le phénomène du transformisme. Elles se résument en cinq propositions :

1. Les circonstances extérieures provoquent chez les animaux des sensations qui déterminent des besoins.

2. Avec les changements de circonstances, les besoins et les actions se modifient et s'ils deviennent durables, ils se transforment en habitudes.

3. Les habitudes favorisent l'emploi de tel organe, l'usage le développe, le non-usage l'affaiblit ou le fait disparaître. A l'appui de sa théorie, Lamarck donne un très grand nombre d'exemples parmi les oiseaux, les poissons, les kangourous, les carnivores et les herbivores dont l'un des plus célèbres est sans doute celui du cou de la girafe[22]. Cette approche correspond à une sélection par l'usage.

4. Ces modifications se transmettent par descendance si elles sont communes aux deux sexes. A l'appui de sa théorie, Lamarck avance comme preuve décisive les

réalisations des éleveurs qui ont modifié les espèces naturelles, notamment la diversification du chien en 360 races, modèle extrêmement pertinent.

5. Les organes en formation ne sont pas utilisables immédiatement et de même les organes à usage perdu s'atrophient et forment des organes rudimentaires qui subsistent longtemps.

Ces lois seront impitoyablement rejetées par les données de la biologie moderne.

1.2 – L'adaptation à l'environnement : la sélection naturelle

L'adaptation à l'environnement, ce que Lamarck appelle les circonstances extérieures, joue un rôle majeur dans son transformisme. Lamarck s'intéressait beaucoup aux données de la domestication pour comprendre comment pouvait se réaliser le changement graduel. Les éleveurs modifiaient les circonstances extérieures par des choix progressifs de caractères. Darwin[4] n'a fait que suivre la même démarche pour élaborer sa conception de la sélection naturelle, une notion découverte à la même époque par Wallace[23,24]. Darwin a en effet constaté que les éleveurs, les horticulteurs et les colombophiles tenaient compte des variations spontanées, isolaient les individus portant des traits intéressants et les accouplaient avec des individus portant les mêmes caractères pour améliorer les espèces. Mais c'est surtout la lecture de l'*Essai sur le principe de population* publié en 1798 par Thomas Robert Malthus qui a été décisive pour Darwin et Wallace ; il expliquait en effet la faim et la misère dans le monde par l'insuffisance des ressources alimentaires terrestres face aux besoins des populations animales, et humaine en particulier, à forte fécondité. Darwin le lit en 1838 et il nous rapporte dans son *Autobiographie* que, le 28 septembre, il est frappé par la phrase de Malthus : *On peut affirmer qu'en l'absence de contrôle, une population devrait doubler tous les 25 ans, ou s'accroîtrait selon une progression géométrique.* C'est l'illumination et il saisit dans l'instant qu'il a désormais une théorie pour travailler. Darwin comprend en effet que le principe de l'augmentation géométrique des populations entraîne une augmentation plus rapide que celle des ressources et implique en conséquence l'élimination inévitable d'une partie de cette population. De là vient l'idée de la lutte pour l'existence que Darwin utilise, il faut le noter, dans un sens métaphorique.

Avec les observations de la sélection artificielle et le principe de la lutte pour l'existence, Darwin tenait les deux facteurs qu'il fallait relier entre eux. C'est là son coup de génie, qui s'énonce comme principe de sélection naturelle : *On peut se demander comment il se fait que les variétés que j'ai appelées espèces naissantes ont fini par se convertir en espèces vraies et distinctes, lesquelles, pour la plupart des cas, diffèrent évidemment beaucoup plus les unes des autres que les variétés d'une même espèce... Tous ces effets... découlent d'une même cause : la lutte pour l'existence. Grâce à cette lutte, les variations, quelque faibles qu'elles soient et de quelque cause qu'elles proviennent, tendent à préserver les individus d'une espèce et se transmettent ordinairement à leur descendance, pourvu qu'elles soient utiles à ces individus dans leurs rapports infiniment complexes avec les autres êtres organisés et avec les conditions physiques de la vie. Les descendants auront, eux aussi, en vertu de ce fait, une plus grande chance de persister ; car, sur les individus d'une espèce quelconque nés périodiquement, un bien petit nombre peut survivre. J'ai donné à ce principe, en vertu duquel une variation si insignifiante qu'elle soit se conserve et se perpétue, si elle est utile, le nom de sélection naturelle, pour indiquer les rapports de cette sélection avec celle que l'homme peut accomplir. Mais l'expression qu'emploie souvent M. Herbert Spencer : « la persistance du plus apte » est plus exacte et quelquefois tout aussi commode.*

En fait, les événements ont poussé Darwin à publier ses idées presque malgré lui. Le 18 juin 1858, il reçoit la lettre d'un jeune naturaliste travaillant en Malaisie, A.R. Wallace, qui lui demandait des précisions sur un article où il concluait au rôle déterminant d'une force qu'il appelait « sélection naturelle ». Ce qui est le plus étonnant, c'est que Wallace a découvert le rôle de la sélection naturelle de la même façon que Darwin, en lisant Malthus en 1858.

La théorie de l'évolution doit donc beaucoup à Malthus. Publié en 1798, son livre[25] n'aura donc eu son impact évolutif que quarante ans plus tard pour Darwin et cinquante ans après pour Wallace.

La théorie de la descendance avec transformation sous l'action de la sélection naturelle de Darwin[4] et Wallace[23,24] est fondée sur cinq faits majeurs et trois conséquences qui peuvent être résumées ainsi :

1. Les populations des diverses espèces sont très variables et l'on voit apparaître, au hasard dans la nature, de nouvelles variations spontanées.

2. Ces variations sont héritables pour la plupart.

3. Les populations ont une très forte fécondité et se multiplieraient, si tous leurs membres subsistaient, suivant une progression géométrique d'après Maltlus, qui est en fait exponentielle.

4. Les effectifs des populations restent globalement stables, en dehors des fluctuations cycliques chez certaines espèces ;

5. Les ressources alimentaires dans un environnement stable sont limitées et demeurent à peu près constantes.

Trois conséquences peuvent être déduites de ces faits :

1. Puisque la reproduction produit plus d'individus que ne peuvent en supporter les ressources de l'environnement et que les tailles des populations restent stables, cela signifie qu'il doit y avoir un phénomène de régulation, une

lutte pour l'existence entre les individus d'une population.
Il n'en restera qu'une partie pour fonder la génération suivante.

2. La survivance dans la lutte pour l'existence ne se fait
pas au hasard, mais dépend en partie de la constitution
héréditaire des survivants, c'est-à-dire de la présence de
caractères avantageux. La survivance inégale constitue un
processus de sélection naturelle.

3. Au gré des générations, ce principe de sélection naturelle conduit à un changement graduel des populations,
c'est-à-dire à l'évolution et à la production de nouvelles
espèces.

1.3 – Les chaînons manquants

La notion d'intermédiaire entre les groupes était connue
bien avant la théorie de Darwin. La découverte par Eudes-
Deslongchamps du fossile *Poekilopleuron,* un grand saurien
fossile intermédiaire entre les crocodiles et les lézards, qui
avait la physionomie des crocodiles, mais des pattes de
lézard, constituait un véritable chaînon manquant entre
les deux familles. Une trouvaille dont la signification a été
immédiatement perçue par Geoffroy Saint-Hilaire et qui
accréditait la théorie de Lamarck au détriment de celle de
Cuvier.

La notion de chaînon manquant a une triple signification. D'un point de vue purement théorique, un concept
d'évolution exclusivement graduelle implique la nécessaire
succession de milliers de formes intermédiaires qui se
modifient insensiblement. Tout intermédiaire est un chaînon manquant entre les deux stades morphologiques qui
l'encadrent. Par ailleurs, la notion de chaînon manquant
n'exprime qu'un stade dans les progrès des connaissances.
A partir du moment où l'intermédiaire est découvert,
il n'est plus un chaînon manquant ! C'est un chaînon

identifié. Le chaînon manquant est alors simplement devenu synonyme d'intermédiaire. C'est ainsi que l'homme de Néandertal découvert en 1856 fut le premier chaînon manquant entre le singe et l'homme[26], remplacé ultérieurement par le fameux pithécanthrope (singe-homme) en 1863 et en 1925 par le singe bipède australopithèque.

On pourrait multiplier les exemples de fossiles de transition entre les poissons et les amphibiens avec les chaînons manquants *Eusthenopteron-Ichthyostega,* entre les reptiles et les oiseaux avec *Euparkeria-Archeopteryx,* entre les reptiles et les mammifères avec les formes *Probainognathus/Diarthrognathus-Eozostrodon*[22].

La notion de chaînon manquant peut s'appliquer aux divers niveaux de la systématique, depuis le niveau de l'espèce qui évolue graduellement pendant plusieurs millions d'années où chaque stade évolutif correspond à un chaînon manquant entre deux stades évolutifs préalablement identifiés, à ceux du genre et des niveaux plus élevés de la taxonomie. Par exemple, le singe bipède (genre *Australopithecus*) est le chaînon entre l'ancêtre commun aux chimpanzés-gorilles-hommes et les hommes archaïques (genre *Homo*). L'homme érigé, l'espèce *Homo erectus,* est un chaînon entre l'homme archaïque habile (espèces *Homo habilis* et *ergaster*) et l'homme de Néandertal (espèce *Homo neandertalensis*).

1.4 – Les relations entre le développement et l'histoire évolutive des organismes

Les relations entre le développement (ontogenèse) et l'histoire évolutive des organismes (phylogenèse) ont été mises en évidence par les embryologistes. L'étude du développement est une discipline qui est née au XVIIIe siècle, bien avant l'idée d'évolution et elle apportera une argumentation forte en faveur de la théorie de l'évolution.

Darwin y a pris bon nombre d'observations pour soutenir le bien-fondé de sa théorie de la descendance.

1.4.1 – *Le développement comme argument évolutif*

Comme pour beaucoup de problèmes, le premier à s'être posé des questions d'ordre embryologique est Aristote. L'auteur de l'*Histoire des animaux* se demandait si l'embryon correspondait à une structure préformée ou s'il résultait d'une formation qui s'élaborait pas à pas à la manière dont le pêcheur tisse les mailles de son filet. La première position est celle des préformistes, la seconde celle de l'épigenèse. Aristote optait déjà pour l'épigenèse, et la science du XIXe siècle lui donnera raison. L'une des premières théories du développement fut celle de Charles Bonnet[27] qui proposa en 1769 une théorie de l'emboîtement indéfini, la *palingénésie philosophique,* reprenant la *théorie de la préformation.* Selon cet auteur, tous les membres des générations à venir sont présents dans l'œuf à l'état de préformation, le terme de *Palingenèse* signifiant alors des générations répétées. Cette idée venait de ses observations sur l'encapsulation des cotylédons dans les graines des plantes, de l'insecte adulte parfait visible dans la pulpe. Dans une telle conception, les animaux préformés suivaient donc un développement préétabli inaltérable. Pour l'homme, l'*homonculus* préformé reproduisait le premier individu conçu dans l'ovaire de la première femme, Eve ! Il aurait donc fallu qu'un embryon de mammifère contienne au moins $10^{10\,000}$ embryons emboîtés pour assurer sa descendance. Bonnet considérait sa théorie comme *l'une des plus grandes victoires de la rationalité sur l'instinct...*

C'est Albrecht von Haller, qui, en 1744, a utilisé pour la première fois le terme évolution, mais c'était pour désigner, ironie du destin, les conceptions préformistes qui confortaient le fixisme ! Ce mot a été repris pour désigner plus tard le développement individuel d'un organisme, avant d'être employé par Girou de Buzareignes et Geoffroy Saint-Hilaire[28] dans le sens actuel, mais dans une formulation encore ambiguë. La théorie de la préformation a été combattue par les embryologistes partisans de l'épigenèse comme Kielmeyer, qui admettait, depuis 1796, que les embryons de poulet passent au cours du développement par plusieurs stades successifs. Kielmeyer reprenait en cela l'idée de William Harvey qui, en 1628, avait identifié la succession œuf, ver, fœtus et la complétait en ajoutant, après ces trois étapes du développement, les stades poisson et reptile avant d'aboutir au stade poulet. Cette conception est devenue de plus en plus populaire et a été soutenue par Lorenz Oken, puis par J. F. Meckel qui, en 1811, a fait un parallèle entre les stades embryonnaires des animaux les plus élevés de la hiérarchie et les adultes de ceux des niveaux les plus bas. En outre, le développement a été l'un des arguments majeurs utilisés par Geoffroy Saint-Hilaire[28,29] dans sa lutte contre Cuvier, pour démontrer ce qu'il appelait la mutation de l'organisation, autrement dit l'évolution des structures. S'intéressant plus particulièrement au passage des reptiles aux oiseaux, Geoffroy Saint-Hilaire estimait que le mécanisme évolutif se situait au niveau des embryons : *Seuls les embryons et non les adultes, peuvent être modifiés par le milieu extérieur d'une façon profonde et durable.*

Geoffroy Saint-Hilaire, chef de file des morphologistes transcendantalistes[28,29], s'appuyait alors sur les recherches en embryologie d'Etienne Serres qui avait publié en 1827 une loi de la récapitulation embryogénique[30] : *Les embryons des classes supérieures répètent successivement les formes permanentes des classes inférieures.* Il aurait pu faire référence à la première partie d'un ouvrage intitulé *Recherches sur l'histoire des animaux : observations et réflexions,* publié au même moment par Karl Ernst von Baer en 1828, qui définit les lois des transformations embryologiques[31]. Nous y reviendrons plus loin. Darwin a utilisé lui aussi l'embryologie comme une source d'arguments forts en faveur de sa théorie de la descendance avec transformation[4]. Il les reprendra dans *De l'ascendance de l'homme en liaison avec la sélection sexuelle*[32] et reconnaîtra dans une lettre écrite à Asa Gray en 1860 que *l'embryologie est pour moi, de loin la plus forte catégorie de faits en faveur du changement de forme.*

On peut donc dire que le développement est intimement mêlé à l'émergence de l'idée d'évolution et qu'il en a été l'un des arguments majeurs. Malgré tout, on retiendra que l'utilisation du terme évolution a été jusqu'à cette époque plutôt réservée à l'approche embryologique, puisque ni Lamarck ni même Darwin ne l'utiliseront dans leurs ouvrages fondateurs.

1.4.2 – *Récapitulation et phylogenèse*

Serres et von Baer peuvent être considérés comme les pères des lois du développement. Dans ses *Recherches d'anatomie transcendante*[30], Etienne Serres posait les bases de la loi de récapitulation : *Les embryons des classes supérieures répètent successivement les formes permanentes des classes inférieures.* Pour Serres, si les impulsions de la *force formatrice* qui régule la construction des organismes sont arrêtées, le développement *reproduit les arrangements organiques des animaux inférieurs… Les cas de pathologie anatomique sont seulement le résultat d'une embryogenèse prolongée.*

Mais, c'est à von Baer que l'on doit, en 1828, les lois des transformations embryologiques[31] fondées sur le développement du poulet. Von Baer s'opposait à la notion de récapitulation telle qu'elle était définie par Oken ou Serres, qui affirmait que *l'embryon des animaux supérieurs passait par les formes permanentes des animaux inférieurs.* Pour von Baer, le développement partait d'un état général et correspondait à une individualisation pour acquérir des spécialisations. C'est-à-dire que la récapitulation est impossible. En effet, à chaque stade de sa formation, l'embryon de vertébré ne représente pas un état adulte ancestral, mais un vertébré imparfait. Cette critique a amené von Baer à l'énoncé de quatre lois du développement :

1. Les caractères généraux d'un groupe animal apparaissent plus tôt dans l'embryon que les caractères spécialisés.

2. Les caractères les moins généraux sont formés à partir des plus généraux et ainsi de suite jusqu'à l'apparition des plus spécialisés.

3. Chaque embryon d'une espèce donnée, au lieu de passer par les stades d'autres animaux, s'en démarque de plus en plus.

4. De là, il s'ensuit fondamentalement que l'embryon d'un animal supérieur n'est jamais comme l'adulte d'un animal inférieur.

Cette conception rejette une vue du monde animal considéré comme une chaîne unilinéaire d'êtres vivants. Von Baer le conçoit comme constitué de groupes indépendants, les embranchements, mais non arrangés en une séquence progressive. Une idée qui aura donc des conséquences au niveau de la classification et qui a été reformulée par Milne-Edwards[33] en 1844 : *Les métamorphoses de l'organisation embryonnaire, considérée dans tout le monde animal, ne constituent pas une simple série linéaire de phénomènes zoologiques. Il y a une multitude de séries... Elles sont unifiées par un groupement à leur base et séparées les unes des autres par des groupements secondaires, tertiaires et quaternaires, tandis qu'à l'approche de la fin de la vie embryonnaire, ils se distinguent les uns des autres et acquièrent des caractères distinctifs.* Ce texte reconnaît clairement une hiérarchisation de l'organisation du vivant.

Louis Agassiz, qui avait adopté la théorie catastrophiste de Cuvier, après avoir travaillé avec lui sur les poissons, a cependant accepté les conceptions embryologiques de la récapitulation en la limitant à l'intérieur des plans d'organisation. Agassiz a introduit, à côté de l'argumentation des stades embryologiques et adultes, les données fossiles des archives paléontologiques. Il a montré la cohérence des données embryologiques et paléontologiques. Par exemple, les poissons vivants les plus inférieurs, les requins, ont des queues dissymétriques (dites hétérocerques), avec un lobe supérieur plus grand que le lobe inférieur, tandis que les poissons plus élevés dans la classification comme les poissons osseux (téléostéens), ont des queues symétriques (dites homocerques), à lobes de taille équivalente. Or dans les archives paléontologiques, les queues dissymétriques apparaissent avant les queues symétriques. Et, comme les embryons de poissons osseux ont tout d'abord une queue dissymétrique qui devient symétrique au cours du développement, on peut dire dans ce cas que le développement récapitule l'histoire évolutive.

1.4.3 – *La loi biogénétique de Haeckel*

Ernst Haeckel est sans doute l'un de ceux qui ont le plus contribué à la popularisation de la théorie de la descendance de Darwin en Europe. Embryologiste d'invertébrés, il a publié trois ouvrages qui ont fait date. Le premier[34] intitulé *Generelle Morphologie* a été publié en 1866, le second[35] : *Natürliche Schöpfungsgeschichte* en 1868, et le troisième[36] *Anthropogenie : Keimes-und Stammes-Geschichte des Menschen* date de 1874.

Qui n'a jamais entendu parler de la célèbre formule de la *loi biogénétique fondamentale : l'ontogenèse récapitule la phylogenèse?* fondée sur la similitude des embryons de vertébrés ; formule inexplicable si l'on n'accepte pas l'idée d'une communauté d'origine, d'une parenté étroite entre les animaux qui passent par les mêmes stades de développement.

Pour simplifier disons que le développement d'un animal passe en accéléré par tous les stades successifs de ses formes ancestrales et récapitule globalement l'histoire évolutive de son groupe. Ce qui équivaut à dire que c'est l'histoire évolutive qui est la cause mécanique du développement d'un organisme. Haeckel a surtout reconnu l'existence de dislocations temporelles et spatiales dans l'ordre des événements hérités, avec des décalages chronologiques qu'il a appelés hétérochronies ; nous y reviendrons. Haeckel considérait que les ontogenèses ancestrales avaient été continuellement réduites par délétion, ce qui permettait d'ajouter de nouvelles caractéristiques à la fin de l'ontogenèse. Une loi que Haeckel reformulera plus précisément en 1905 : *La courte et brève ontogenèse est un résumé condensé de la longue et lente histoire de ses racines (phylogénie).*

On a beaucoup reproché à Haeckel les multiples applications sociologiques de ses lois. Haeckel était profondément raciste et avait créé une association, la Ligue moniste. La plus nocive des perversions de sa loi biogénétique se situe dans le domaine socio-politique où son œuvre est restée entachée par une lourde responsabilité morale, puisque l'idéologie raciste du national-socialisme et du nazisme a utilisé ses conceptions. Transposant sa théorie évolutive à l'homme, Haeckel affirmait que le développement des enfants des races dites supérieures dépassait celui des adultes des races dites inférieures. Haeckel établissait ainsi une hiérarchie raciale et en tirait toutes les conséquences justifiant l'impérialisme à adopter vis-à-vis de ceux qu'il appelait les primitifs comme des enfants. On sait aujourd'hui que ces hypothèses sont scientifiquement fausses, mais chacun a pu constater leur pouvoir idéologique dévastateur.

1.4.4 – *La reformulation de Garstang et l'embryologie expérimentale*

Alors que Haeckel avait conçu sa loi biogénétique de récapitulation comme universelle, on lui a opposé un nombre croissant d'exceptions et d'objections qui progressivement ont miné son prestige. Des réticences avaient tout d'abord été émises par le paléontologiste Karl von Zittel qui constatait que l'accélération du développement ne se produisait pas de façon globale dans l'organisme, mais de façon différente pour chaque organe ou caractère. En outre, chez les embryons et les larves, les nouveaux caractères ne sont pas introduits à la fin de l'ontogenèse, mais à n'importe quel stade du développement. Enfin, le développement peut être retardé ou accéléré. Par exemple, les stades larvaires des ancêtres peuvent devenir les stades adultes des descendants, un processus opposé à la récapitulation appelé paedomorphose. A. Duméril, en 1867, a démontré l'existence de ce phénomène chez une salamandre mexicaine, l'axolotl[37] ; ce que J. Kollman en 1885 a appelé la néoténie[38].

Walter Garstang, en 1922, a développé une contre-argumentation à la loi de récapitulation en la reformulant de façon correcte : *L'ontogenèse ne récapitule pas la phylogenèse, elle la crée!*[39] Garstang a montré que l'histoire évolutive n'est pas seulement une succession de formes adultes, mais le résultat de changements de structures se faisant au moment du développement, de l'ontogenèse. La reformulation de Garstang a sonné le glas de l'exhaustivité de la loi de récapitulation, pour adopter une vue plus large des phénomènes de développement.

L'embryologie s'est alors orientée vers l'expérimentation avec Wilhelm Roux sous le nom de mécanique du développement. Les embryologistes de l'époque, par exemple Wilhelm His et Hans Driesch, se sont intéressés essentiellement aux interventions par le scalpel qui pouvaient modifier le développement pour en dégager les mécanismes communs. De ce fait, ils ont manipulé les cellules embryonnaires de toutes les manières possibles. La mise en évidence d'une fonction d'un organe isolé était ensuite généralisée à l'organisme vivant. Les altérations expérimentales du fonctionnement d'un système devaient fournir des informations sur son fonctionnement normal. A noter, en 1924, une découverte essentielle de l'embryologie récompensée par un prix Nobel, celle de l'induction embryonnaire* montrant le rôle des interactions cellulaires, par Hans Sperman et Hilde Mangold[40].

L'embryologie expérimentale rejetait la génétique mendélienne comme composante de l'ontogenèse et de ce fait elle s'est développée en parallèle avec la génétique de Morgan, sans jamais tenter de rechercher une possible synthèse entre les deux disciplines.

1.5 – Les lois de la génétique de Mendel

Magistralement démontrées par G. Mendel[41-43], elles sont le fondement de la génétique moderne. En 1856, à partir d'une sélection de trente-quatre variétés de petits pois qu'il testa et hybrida, Mendel conserva vingt-deux variétés dont les croisements donnèrent 28 000 plants et 300 000 graines. La première phase de ses expériences a consisté à croiser deux variétés de petits pois dont l'une donnait des graines lisses et l'autre des graines ridées. Les hybrides de la première génération, qu'on appelle les F1, avaient tous des graines lisses, c'est-à-dire que le caractère ridé semblait avoir disparu. Curieux! Deuxième phase : si l'on sème ces graines hybrides lisses, on obtient par autofécondation, une deuxième génération (F2) qui produit trois graines lisses pour une graine ridée ; le carac-

---

* Travaillant sur des embryons différemment pigmentés de tritons (*Triturus taeniatus* et *Triturus cristatus*), ils ont montré que la greffe de la lèvre blastoporale dorsale d'une jeune gastrula dans la région devant donner l'ectoderme ventral d'une autre gastrula modifiait fortement le développement. Cette partie transplantée dans la partie ventrale s'y comportait comme un élément dorsal et induisait la gastrulation du tissu avoisinant formant une plaque neurale complète avec un embryon secondaire.

tère ridé réapparaissait. Etonnant ! Cela signifie que la ségrégation des caractères s'est faite selon le rapport 3 :1. Autrement dit, le caractère ridé réapparu à la deuxième génération était demeuré discret, invisible, à la première génération, comme caché par le caractère lisse. Mendel considéra que le caractère lisse était dominant (désigné par la lettre A), éclipsant le caractère ridé dénommé récessif (identifié par la lettre a). Que s'était-il donc passé ? Les types « lisses purs » portent en double le caractère lisse (AA), un A venant du père et un A venant de la mère, et les types « ridés purs » portent en double le caractère ridé (aa). Les cellules sexuelles que l'on appelle gamètes seront divisées en deux, soit en « A » et « a ». A la première génération, ils donnent des hybrides « Aa » et, puisque « A » est dominant, les petits pois seront lisses. A la deuxième génération, les gamètes des parents « Aa » se divisent en deux, en « A » et « a », qui, croisés, donneront selon un calcul très simple de probabilités : 25 % de « AA lisses », 25 % de « aa » ridés et 50 % de « Aa » lisses, donc 75 % de lisses pour 25 % de ridés, le fameux rapport 3 : 1 ! Il n'y avait donc pas mélange des éléments déterminant les caractères, comme le pensaient Darwin et beaucoup d'autres. Par ses analyses de probabilités, Mendel découvrit les causes des variations entre les individus d'une même population et les mécanismes de l'hérédité.

Il en a déduit trois lois :

1. La loi de dominance qui explique que le croisement de deux variétés différant par un caractère donne une première génération de descendants tous identiques d'apparence.

2. La loi de ségrégation indépendante, ou de disjonction des caractères, montrant qu'à la seconde génération les caractères sont séparés et réapparaissent indépendamment.

3. La loi de libre association affirmant que si l'on croise deux variétés différant par plus d'un caractère (deux ou

trois : forme et couleur), la disjonction des caractères se fait de manière indépendante.

1.6 – La séparation des cellules reproductrices et somatiques

Le complément indispensable des bases de la génétique de Mendel a été découvert par Auguste Weismann entre 1876 et 1892 [28,29]. Weismann a montré avec Nussbaum que les cellules assurant la reproduction chez les animaux supérieurs s'isolent dès les premiers stades du développement embryonnaire en formant une lignée cellulaire particulière appelée les celulles germinales. Cette séparation précoce des cellules reproductrices de celles qui constituent l'organisme, les cellules somatiques, ruinait l'idée de la transmission des caractères acquis aux descendants proposée par Lamarck et reprise par Darwin sous le nom de la *théorie de la pangenèse* [44]. Cette théorie de la pangenèse postulait que chaque partie du corps devait envoyer des particules invisibles, les gemmules, dans les cellules reproductrices. Weismann a brillamment démontré l'inexistence des gemmules par une expérience fameuse. Il a amputé de leurs queues des générations de rats dès leur naissance, ce qui n'a jamais empêché les descendants d'avoir des queues ; les gemmules n'existent donc pas... La conception évolutive de Weismann conçue entre 1876 et 1892 a rencontré une grande hostilité de la part des darwiniens stricts, qui, à l'époque, s'en tenaient résolument à la théorie de l'usage et du non-usage de Lamarck et Darwin. C'est Romanes qui, en 1896, a qualifié la théorie de Weismann de néodarwinisme ; une appellation qui sera attribuée à tort au stade synthétique de la théorie des années 1940, puisqu'elle intègre d'autres concepts étrangers à Weismann.

1.7 – Le rôle des mutations

La période de 1900 à 1909 est dominée par De Vries, W. L. Johannsen et William Bateson, le véritable fondateur de la génétique, terme qu'il crée en 1906. La période qui commence en 1910 est animée par l'école de T. H. Morgan et se préoccupe surtout de la nature des gènes et de leurs arrangements sur les chromosomes.

Le phénomène des mutations nait de la découverte de De Vries : dans un jardin abandonné d'Hilversum en Hollande, il trouve des plants d'œnothères monstrueux, à tige tordue ou à rameau soudé, à feuilles concaves ou à nombre de pétales variables. Deux d'entre eux se montraient différents et sans intermédiaires. Il les considéra comme représentants de nouvelles espèces. Ses recherches ultérieures lui firent découvrir plus de vingt déviants qu'il distingua comme autant de nouvelles espèces. Il estima que ces nouvelles espèces étaient apparues par un changement brusque, par une mutation[5], terme qualifiant le processus saltatoire par lequel elles s'étaient formées. La notion de mutation était déjà employée dans la littérature depuis le XVIIᵉ siècle, pour indiquer une variation discontinue ; elle fut surtout utilisée par Waagen pour désigner les variations lentes et graduelles des espèces fossiles, observées de niveau à niveau.

En fait, on sait maintenant que les mutations de De Vries correspondaient à ce que l'on appelle les réarrangements chromosomiques (déplacements de fragments de chromosomes ou translocations), ou à la multiplication du nombre de chromosomes par 2, 3, etc. (polyploïdie). Ces mutations ne correspondaient pas à des changements au niveau des gènes, c'est-à-dire du programme génétique (génotype), comme on les considère actuellement. C'est Morgan qui en a consacré l'usage en l'étendant à tous les types de changements géniques, indépendamment de leur ampleur[6].

Les recherches développées notamment par Morgan ont abouti à une théorie du mutationnisme et des chromosomes. Le rôle majeur des mutations est à l'origine de l'idée de saltationnisme ou d'évolution par saut. Pour Morgan, l'espèce correspondait à un ensemble d'individus absolument identiques possédant le même type génétique dit sauvage ; c'est la conception dite typologique de l'espèce qui ne prend pas en compte l'existence d'une certaine variabilité comme le faisait Darwin et comme le fera surtout la génétique des populations.

1.8 – La systématique des populations

A côté de la génétique typologique de Morgan, un autre courant de génétique s'est développé dans les années 1900. Cette tendance a intégré les apports des statisticiens comme Galton et Pearson[45] qui étaient persuadés que l'action de la sélection naturelle pouvait être étudiée par les statistiques. Ils luttèrent contre les mendéliens, comme Bateson, qui favorisaient le rôle des variations discontinues et rejetaient celui de la sélection naturelle. Leurs travaux seront poursuivis par W. F. R. Weldon[46], puis par G. H. Hardy[47] et Weinberg[48] qui montreront que, tenant compte de l'hérédité mendélienne et en supposant que les croisements se fassent au hasard, les fréquences des gènes se conservent de génération en génération ; ce que l'on appelle la loi de Hardy-Weinberg.

A cette branche de la génétique restent attachés les noms de S. S. Chetverikov, de J. B. S. Haldane, de S. Wright et de T. Dobzhansky.

Avec des statisticiens comme R. A. Fisher[7], les généticiens ont établi des modèles mathématiques permettant de prévoir et de calculer les modifications de structure des populations sous l'effet d'un nombre plus ou moins grand de mutations. Cette approche s'est concrétisée par une génétique des populations qui a analysé des exemples précis de la sélection naturelle. R. A. Fisher, en 1930, a proposé une théorie génétique de la sélection naturelle[7] prenant en compte la variabilité des espèces et ses évolutions dans le temps, les modes de reproduction et la pression de la sélection naturelle ; fondement de ce que l'on appellera la *systématique des populations*.

Haldane[49] a décrit en 1924-1932 une *théorie mathématique de la sélection naturelle et artificielle* où il a montré que le nombre de générations nécessaires pour fixer une variation déterminée est inversement proportionnel à la force de la sélection naturelle. Il a démontré également les variations déterministes des fréquences géniques sur l'exemple devenu célèbre des phalènes du bouleau de Manchester, exemple qui sera repris plus tard par Kettlewell. S. Wright a publié, en 1930, une théorie génétique de la sélection naturelle[50] et, en 1931, une théorie statistique de l'évolution. Il a insisté sur le rôle de la dérive génétique, et suggéré l'hypothèse que l'évolution résulte de glissements d'équilibres. Lorsque la génétique des populations sera replacée ultérieurement dans son contexte écologique, on parlera alors de génétique écologique avec E. B. Ford[51] en 1964. La génétique a fait des progrès importants sous la houlette de B. McClintock sur le maïs, C. D. Darlington et T. Dobzhansky sur les drosophiles.

C'est ce dernier, qui, comme nous allons le voir, a formulé le premier volet génétique du stade synthétique de la théorie de l'évolution en 1937, étape qui a intégré tous les concepts que nous venons d'évoquer dans ce chapitre.

Chapitre 2

LE STADE *SYNTHÉTIQUE*

A côté de ces acquis intégrés définitivement dans la théorie évolutionniste à la suite de leur démonstration expérimentale, la théorie s'est enrichie dans les années 1940 par l'apport de nouveaux concepts. On peut dire que la publication en 1930 par R. A. Fisher d'une *théorie génétique de la sélection naturelle*[7], en apportant un outil statistique permettant de calculer l'influence de la sélection naturelle sur les populations, marque le début de la fondation du nouveau stade de la théorie qui a été qualifié de *synthétique*.

Cette synthèse a été surtout formulée dans cinq ouvrages scientifiques majeurs, respectivement ceux d'un généticien T. B. Dobzhansky[8], d'un systématicien, E. Mayr[9,11], de deux biologistes, J. Huxley[10] et, à un moindre degré, B. Rensch[15], et d'un paléontologiste G. G. Simpson[13,14]. Le stade *synthétique* résulte donc de la fusion des approches expérimentalistes des généticiens et des naturalistes. Elaboré entre 1930 et 1947, il a été finalement consacré par le Congrès de Princeton, en janvier 1947.

2.1 – Le volet génétique

L'ouvrage pionnier publié par T. B. Dobzhansky en 1937 *Genetics and the Origin of Species*[8] peut être considéré à la fois comme l'aboutissement de la branche expérimentale et écologique de la génétique des populations et comme le début de la synthèse. Dobzhansky travaillait depuis les années 1930 sur la variation génétique de la drosophile *Drosophila pseudoobscura*. Son livre accorde naturellement une large part à la génétique, mais il intègre aussi les approches écologiques de S. Wright[50]. Dobzhansky insiste sur la notion d'espèce, considérée comme une unité naturelle discrète possédant une certaine variabilité. Une position qui tranche par rapport aux conceptions typologistes de T. H. Morgan[6] et de R. Goldschmidt[52] qui concevaient l'espèce comme composée d'individus identiques et représentée par un individu type qui en porte toutes les caractéristiques. Les variants un peu trop différents étaient considérés comme les types d'espèces différentes. Cette conception *typologique* qui découpe les espèces biologiques à forte variabilité en plusieurs espèces artificielles a beaucoup sévi chez les paléontologistes qui ont créé – et créent malheureusement encore – bien des espèces sans signification biologique.

L'approche de Dobzhansky a permis d'analyser la diversité organique sous ses divers aspects : mutations, hérédité, polymorphisme, mécanismes d'isolement... Son travail cherchait à calculer les valeurs des pressions de sélection, à évaluer le flux génique à l'intérieur des populations, la fréquence des mutations létales et les variations des effectifs des populations. Parmi les points importants désormais acquis en génétique, on peut retenir, selon Mayr[9], six points majeurs :

1. Il n'existe qu'une seule sorte de variation, les mutations, plus ou moins amples.

2. Toutes les mutations ne sont pas désastreuses, certaines sont avantageuses et d'autres neutres.

3. Le matériel génétique est invariant, ce qui exclut l'hérédité des caractères acquis.

4. La source la plus importante de variation génétique réside dans les recombinaisons.

5. Les variations morphologiques (ou phénotypiques) continues peuvent résulter de l'influence de plusieurs gènes, les *polygènes*.

6. A l'inverse, un simple gène peut affecter plusieurs caractères phénotypiques, c'est la *pléiotropie*.

2.2 – Le volet biologique

Le deuxième ouvrage est celui de Julian Huxley[10], daté de mars 1942, *Evolution, The Modern Synthesis*. Ce livre, qui esquisse une synthèse, s'appuie sur la théorie de la sélection naturelle définie par R. A. Fischer, J. B. S. Haldane et S. Wright, sur la génétique, l'écologie, la systématique et même le développement et la paléontologie. Centrant son propos sur l'espèce et ses variations géographiques, sur la spéciation et les tendances évolutives, Huxley étaye ses démonstrations par un nombre considérable d'exemples. C'est le volume *synthétique* par excellence, puisqu'il considère presque toutes les disciplines.

Le troisième ouvrage fondateur est celui du zoologiste systématicien, Ernst Mayr[11], daté de mai 1942, qui reprend l'intitulé de Dobzhansky et l'applique à la systématique : *Systematics and the Origin of Species*. La préface de Dobzhansky insiste sur la nécessité de dégager dans chaque discipline les principes généraux applicables à l'ensemble du monde vivant. Ecrit parallèlement à celui de Huxley, l'ouvrage de Mayr est centré sur l'espèce et ses subdivisions illustrées de multiples exemples. Le travail de Mayr critique la vieille systématique typologiste, qui considérait l'espèce représentée exclusivement par des individus, pour définir les règles de la *nouvelle systématique,* selon l'expression de Huxley[12], qui étudie l'espèce et ses subdivisions en populations et sous-espèces géographiques. Après avoir défini les principes de cette systématique, Mayr analyse les variations géographiques de l'espèce et définit le *concept d'espèce biologique : Les espèces sont des groupes de populations actuellement, ou potentiellement, interfécondes, qui sont isolées reproductivement de tous les autres groupes analogues.* Cette définition a été modifiée par Mayr lui-même ultérieurement, qui en a exclu le terme *potentiellement*. Ce terme signifie que des espèces peuvent être séparées géographiquement pendant une durée déterminée, où l'interfécondité n'a pas de sens, puisque les individus ne peuvent pas se rencontrer. Mais l'histoire peut remettre en contact géographique ces populations séparées qui ont conservé la possibilité de se croiser. La notion d'espèce de Mayr repose sur le critère d'interfécondité, déjà reconnu par Buffon[20], et la barrière instaurée par l'isolement reproductif. La fin de l'ouvrage est consacrée aux problèmes de formation d'espèce, la spéciation. Montrant de nombreux exemples où la spéciation est en œuvre, Mayr a recensé les divers types de spéciation identifiés, se faisant, soit par isolement géographique, soit par des processus non géographiques. Parmi les formations d'espèces non géographiques se situent les spéciations dites *sympatriques,* qui font intervenir des facteurs internes touchant des individus isolés, par exemple des mutations chromosomiques. Mayr ne croit pas à cette possibilité qu'il qualifie d'Hydre de Lerne de la biologie, bien que la formation des mutants des œnothères d'Hilversum observés par De Vries[5] semble le démontrer clairement. En effet, Mayr estime que la spéciation géographique, dite *allopatrique,* qui fait intervenir des populations marginales isolées géographiquement de l'espèce souche, est le modèle de formation de nouvelles espèces le plus fréquent ; ce qui est sans doute vrai. La spéciation dans les populations marginales est appelée spéciation *péripatrique.* Mais il faut cependant envisager le cas où des populations situées au centre de l'aire de répartition d'une espèce puissent se trouver isolées, soit en raison d'une variation de l'environnement au sein même de leur aire de répartition, soit à la suite d'un remaniement chromosomique...

2.3 – Le volet paléontologique

Le quatrième ouvrage fondateur est celui du paléonto-logiste George Gaylord Simpson[13], intitulé *Tempo and Mode in Evolution* et publié en avril 1944, c'est une tenta-tive de synthèse de la paléontologie et de la génétique. Le livre s'intéresse tout d'abord aux taux d'évolution des carac-tères, montrant que des caractères peuvent être liés, mais qu'ils peuvent également varier de manière indépendante au cours du temps dans un même phylum, ou dans des phylums d'origine commune. Une analyse des détermi-nants de l'évolution concerne la variabilité, les taux de mutation et la sélection. Simpson aborde ensuite les niveaux hiérarchiques de l'évolution, depuis la *micro-évo-lution* et la *macro-évolution* de Goldschmidt, jusqu'à la *méga-évolution,* dont il introduit ici le terme nouveau, pour les changements allant au-delà du genre. Etudiant les vitesses relatives d'évolution des lignées, il distingue celles à évo-lution moyenne, les plus fréquentes *(horotéliques),* de celles à évolution lente plus rares *(bradytéliques)* ou très rapide *(tachytéliques).* Simpson aborde ensuite l'évolution orien-tée, le problème de l'orthogenèse et de ses mécanismes que nous discuterons plus loin. Sans nier l'existence de séries linéaires temporellement courtes, Simpson montre que l'évolution des équidés, présentée par beaucoup de paléon-tologistes comme l'exemple-type d'orthogenèse, est en fait beaucoup plus complexe, avec des phases rapides de chan-gements morphologiques et des variations considérables des vitesses d'évolution. Le chapitre sur les relations entre les organismes et les milieux est l'occasion pour Simpson de définir le concept de *zone adaptative,* c'est-à-dire d'ensemble de biotopes qui conditionnent les taux d'évo-lution. L'évolution moyennement rapide *(horotélique)* et les populations à évolution graduelle directionnelle *(orthogé-nétique)* se rencontreraient chez les espèces qui passent progressivement d'une zone adaptative à une autre. L'évolution rapide *(tachytélique)* se réaliserait lors du passage rapide d'une zone adaptative à une autre, tandis que l'évolution lente, voire arrêtée *(bradytélique),* s'observerait en zone adaptative stable. C'est donc l'environnement qui est considéré comme le signal déclenchant l'*adaptation,* le grand moteur de l'évolution. Simpson distingue trois modalités majeures d'évolution : la différenciation spécifique (la formation d'espèce), l'évolution phylétique (l'évolution graduelle) et l'évolution quantique (l'évolution par saut).

La différenciation spécifique est celle qui se produit au sein d'une zone adaptative par divergence des populations pour aboutir à des sous-espèces ou à des espèces. C'est elle qui est étudiée par les généticiens. Il est curieux de noter que Simpson fait référence à l'ouvrage de Dobzhansky, mais pas à celui de Mayr, qu'il semble ignorer, alors qu'il introduit les notions d'espèce biologique et de spéciation allopatrique, extrêmement importantes pour comprendre l'évolution. C'est une lacune importante pour cette discussion.

L'évolution phylétique correspond au glissement des caractères moyens des populations, sans être rectilinéaire : *Les lignées phylétiques qui tombent sous le dessein de cette modalité sont composées d'espèces successives ; mais ces espèces successives sont tout autre chose que les espèces contemporaines qui sont impliquées dans la différenciation spécifique... Les lignées elles-mêmes et,* a fortiori, *les groupes de lignées apparentées au sein desquelles s'observe généralement l'évolution phylétique sont de valeur plus haute que spécifique, et ce mode est typiquement en relation avec les niveaux taxinomiques moyens, habituellement les genres, les sous-familles et les familles... L'évolution phylétique se voit habituellement... comme la progression d'une lignée, ou de lignées multiples au sein des confins d'une zone assez large.*

Ce type d'évolution est le plus adaptatif. Quant à l'évolution quantique, elle *se produit à tous les niveaux, mais est la plus importante et la plus distinctive à des niveaux relativement élevés de la systématique.* Simpson adopte le terme de *quantum* en l'appliquant *à des situations où des agents, à des doses inférieures à un seuil donné, ne produisent aucune réaction, mais où ces agents à des doses supérieures au seuil produisent des réactions de grandeur définie... Le terme d'évolution quantique est ici appliqué au glissement relativement rapide d'une population vivante en déséquilibre, vers un équilibre nettement différent de la condition ancestrale... Elle peut être impliquée soit dans la différenciation spécifique, soit dans l'évolution phylétique.* Ce terme d'évolution quantique implique une évolution rapide, mais pas forcément un saut d'énergie comme c'est la cas en physique où il est habituellement employé ; son ambiguïté suggère de le remplacer par saltation.

Simpson évoque un mécanisme génétique : *L'accumulation de petites mutations n'est pas seulement adéquate pour permettre une évolution rapide, telle que celle impliquée dans l'évolution quantique, elle en est aussi, théoriquement, le mécanisme le mieux établi.*

Simpson affirme donc, d'une part, que l'évolution graduelle se réalise par l'accumulation de petites mutations et, d'autre part, que sa vitesse, variable, est liée aux contraintes environnementales des diverses zones adaptatives fréquentées par les espèces. *Gradualisme, mutations* et *adaptation,* tels sont les trois mots clés de la nouvelle synthèse simpsonienne.

Simpson[14] a précisé ses idées dans *The Major Features of Evolution* en 1953. Il y discute tous les aspects génétiques, biologiques et écologiques non intégrés dans la précédente version. En ce qui concerne les modalités de l'évolution, il distingue *la division des lignées (splitting)* pour laquelle il recommande l'usage du terme de *cladogenèse* proposé par B. Rensch[15] (en remplacement des termes de spéciation ou différenciation spécifique). Pour Simpson, la division des lignées correspond souvent à des variations graduelles de type *écocline* devenant dans le temps des *chronoclines.* La seconde modalité reste *l'évolution phylétique* pour laquelle il utilise le terme d'*anagenèse* proposé également par Rensch dans le dernier ouvrage fondateur *Evolution above the Species Level*[15], un livre beaucoup moins novateur (1947). Pour lui, l'anagenèse résulterait de la persistance de l'adaptation pendant de longues périodes géologiques qui donnerait une image d'évolution directionnelle.

2.4 – Les nouveaux concepts du stade *synthétique* de la théorie de l'évolution

Le stade *synthétique* de la théorie de l'évolution a été interprété de façons fort diverses. Selon les ouvrages fondateurs pris en compte, les lecteurs ont privilégié plus ou moins abusivement certains aspects, ou en ont ignoré délibérément d'autres. De nombreuses incompréhensions en ont résulté, qui ont abouti bien souvent à un rejet partiel, ou total, de la théorie. Le stade *synthétique* de la théorie de l'évolution a été résumé dans des ouvrages très postérieurs à la synthèse [9,22,53-55], lorsque l'on a disposé du recul suffisant.

On peut résumer ce stade théorique du *néodarwinisme* en dix-huit points ou concepts majeurs : (1) neuf concepts acquis antérieurement au stade synthétique et analysés au chapitre précédent (points 1 à 9) et (2) neuf nouveaux concepts (points 10 à 18) qui sont la marque du stade *synthétique*. Ce sont respectivement :

1. L'idée du transformisme de Lamarck.

2. Le rôle de l'environnement de Lamarck et Geoffroy Saint-Hilaire.

3. L'existence de l'évolution graduelle de Lamarck, Lyell et Darwin.

4. Le rôle de la sélection naturelle sur des populations variables dont les variations spontanées apparaissent par hasard, de Darwin et Wallace.

5. Les relations entre le développement et l'histoire

évolutive de Meckel, von Baer, Serres, Haeckel, Garstang, de Beer, etc.

6. La dissociation des caractères dans les croisements reproductifs de Mendel.

7. La séparation des cellules germinales et somatiques de Weismann.

8. Le rôle des mutations chromosomiques dans la formation des espèces par De Vries et Morgan.

9. L'induction embryonnaire de Sperman et Mangold.

10. La variabilité génétique des populations due à l'existence des mutations et des recombinaisons qui apparaissent et se font au hasard, sans être dirigées par l'adaptation d'après Dobzhansky.

11. L'évolution des populations par des changements dans la fréquence des gènes assurés par la dérive génétique aléatoire, le flux génique et la sélection naturelle selon Dobzhansky.

12. La sélection naturelle assure la persistance ou la disparition des individus en fonction de leur compatibilité génétique avec les paramètres de l'environnement, elle assure donc l'adaptation affirme Dobzhansky.

13. L'adaptation devient alors le moteur de l'évolution. Elle intègre en fait l'idée pansélectionniste émise par R. A. Fisher en 1930[7]: *L'évolution n'est rien d'autre qu'une adaptation progressive. L'existence de différences reconnaissables par les systématiciens est un sous-produit secondaire incidemment engendré au cours du processus d'adaptation.*

14. Les variants géniques les mieux adaptés ont si peu d'impact que les changements phénotypiques sont graduels. La diversification se réalise par le biais de la spéciation, selon Dobzhansky.

15. Le changement évolutif résulte de l'accumulation au cours des générations des petites variations apparues par le hasard des mutations et triées par la sélection naturelle. Ce changement est graduel et, en se poursuivant sur de longues durées, induit des changements de très grande

amplitude pouvant atteindre les plus hauts rangs de la systématique, espèces, genres, familles, etc. (Dobzhansky).

16. Les espèces biologiques sont des groupes de populations interfécondes isolées reproductivement de tous les autres groupes analogues, selon Mayr.

17. Les nouvelles espèces se forment à la marge des espèces ancestrales souches selon le modèle de spéciation allopatrique, dans des populations où apparaissent les nouvelles caractéristiques et la discontinuité qui assure l'isolement reproductif, concept de Mayr.

18. L'évolution se produit à des rythmes évolutifs temporels variables, par gradualisme phylétique, ou évolution graduelle, plus ou moins rapide ou restent en stase, et parfois enfin par une évolution quantique correspondant à un gradualisme phylétique très accéléré, démontrés par Simpson.

Tels sont les concepts majeurs du stade *synthétique* de la théorie de l'évolution ou *néodarwinisme,* établis dans les années 1940 qui apportent un certain nombre de données plus précises au niveau génétique, biologique et paléontologique. Mais on peut cependant remarquer dès maintenant que cette *synthèse* est loin d'être synthétique, dans la mesure où elle ignore presque totalement le développement, à part Huxley qui n'aborde pas les problèmes de fond. L'oubli de ce lien direct entre le programme génétique et la morphologie est étonnant, alors que l'embryologie a acquis des résultats remarquables en faveur de la théorie de l'évolution. Ce dernier volet sera seulement introduit dans les années 1970. Bien d'autres domaines techniquement inaccessibles à l'époque, comme la biologie moléculaire, viendront également s'ajouter à la théorie. En outre, certains concepts du stade *synthétique* seront remis en cause à partir des années 1950, d'autres y seront ajoutés, ce qui aboutira à des ajustements et à des compléments de la théorie.

Examinons maintenant ces remises en cause et nouveautés conceptuelles acquises depuis l'élaboration du stade *synthétique* de la théorie de l'évolution afin d'essayer de faire le point sur le *nouveau stade de l'an 2000* en émergence aujourd'hui.

Chapitre 3

LA RÉVOLUTION MOLÉCULAIRE

La maîtrise de la biologie moléculaire constitue la grande révolution des années 1950. Elle peut être résumée par une série de découvertes qui ont complètement modifié notre façon de concevoir les supports de l'hérédité [53,56-57] et les relations de parenté entre les organismes.

3.1 – De l'ADN au code génétique

Pendant que s'élaborait la théorie synthétique, Oswald T. Avery [58], qui travaillait sur la pneumonie, fit, en 1944, une découverte qui allait conduire à la révolution moléculaire. Il détecta l'existence d'un *facteur transformant* qui permet de modifier une bactérie d'un type donné en un type différent. Ce facteur, c'est l'acide désoxyribonucléique ou ADN, le matériel génétique. Cette observation a été confirmée par une expérience de A. Hershey et M. Chase [59] qui, en infectant des bactéries de l'espèce *Escherichia coli* par des bactériophages de type T4, ont montré que seul l'ADN pénétrait dans la bactérie et était capable de faire se reconstituer des bactériophages à l'intérieur de la cellule parasitée. Entre-temps, en 1941, G. W. Beadle et E. L. Tatum, en travaillant sur la moisissure *Neurospora crassa,* avaient montré qu'un gène codait pour une seule enzyme.

Et c'est en 1953 que James D. Watson et Francis Crick ont réalisé le modèle de la molécule d'ADN [60] qui leur vaudra, avec Maurice Wilkins, le prix Nobel en 1962. Il faut absolument associer à cette découverte S. A. Luria,

M. Perutz, J. Kendrew, R. Markham, J. Griffith, J. Dono-
hue et également, grâce à leur concours involontaire, les
noms de R. Franklin, Chargaff et de L. Pauling[61].

La molécule d'ADN[60] est constituée de deux chaînes
hélicoïdales en double hélice enroulées autour d'un axe
imaginaire, à la façon d'un escalier en colimaçon, dont les
montants seraient constitués de séquences de sucre-phos-
phate-sucre et les marches par des couples de bases, A-T,
C-G ; l'adénine (A) étant toujours reliée à la thymine (T)
et la cytosine (C) exclusivement à la guanine (G) selon une
polarité précise. En 1958, M. Meselson et F. Stahl[62] prou-
vent que l'ADN se réplique de façon semi-conservatrice,
puisqu'un seul brin parental est conservé. C'est-à-dire que
le double brin des parents se réplique pour reconstituer
deux doubles brins fils, composés respectivement d'un
brin parental et d'un nouveau brin entièrement synthétisé, élément par élément. Une réplication qui se fait progressivement le long des deux brins d'ADN, par le
développement d'une fourche de réplication qui se
déplace. L'année 1961 sera l'année de trois grandes découvertes : le modèle de régulation du gène, l'*opéron,* le code
génétique et l'ARN messager.

La régulation des gènes[63] a été mise en évidence par
Jacques Monod et François Jacob dans les années 1961-
1963. Elle leur vaudra, avec André Lwoff, le prix Nobel
en 1965. L'idée de base est que les gènes ne sont pas activés en même temps et que le milieu peut influencer leur
fonctionnement. C'est-à-dire que l'adaptation serait le
résultat d'une interaction entre les gènes et le milieu. Il y
aurait, d'un côté, une régulation positive correspondant à
une *induction* directe et, de l'autre, une régulation néga-
tive réalisée au travers d'un *répresseur* ou *inhibiteur*. A. Par-
dee, F. Jacob et J. Monod, dans une célèbre expérience
dénommée *Pyjama* (des syllabes des trois noms d'auteurs),
ont montré que l'induction résultait en fait de l'annulation
d'un effet inhibiteur. Les chercheurs de l'Institut Pasteur

de Paris ont découvert cette unité de régulation qu'ils ont appelée *opéron*. On sait maintenant que les systèmes de régulation consistent essentiellement à réguler la transcription des ARN messagers en protéines. Le *répresseur* synthétisé en petite quantité par un *gène de régulation* (Lac I) a une forte affinité pour une séquence d'ADN appelée l'*opérateur* et s'y fixe en l'empêchant de transcrire le gène. Lorsque l'*inducteur* est amené dans la cellule, par exemple le lactose, qui a lui aussi une affinité très forte pour le répresseur, il se fixe sur l'opérateur, le libère et lui permet alors de transcrire le gène. C'est un processus économique pour la cellule qui permet d'adapter la production de protéines selon ses besoins. En effet, si les protéines s'accumulent dans la cellule, elles bloquent le processus de synthèse. Ces gènes sont groupés en batterie chez les micro-organismes, mais sont dispersés dans le génome chez les Eucaryotes.

Pressentie par F. Jacob et J. Monod, la découverte par François Gros[64] des ARN messagers chez les bactéries a été essentielle pour comprendre comment on peut passer du logiciel de l'ADN aux protéines, qui constituent et font fonctionner l'organisme. Ce processus, première étape de l'expression des gènes, correspond à la transcription de l'ADN en ARN (acide ribonucléique). C'est-à-dire qu'un brin d'ADN est converti en un brin complémentaire d'ARN par l'action d'une seule enzyme. Ensuite, la cellule fait la traduction en protéines selon une lecture séquentielle du messager par l'intermédiaire des organites appelés *ribosomes,* qui sont les petites usines de transformation du message génétique en acides aminés constituant les protéines. Il s'agit d'un phénomène qui est irréversible et unidirectionnel. L'unidirectionalité du transfert d'information est considérée par les biologistes comme le *dogme central* de la biologie moléculaire. C'est-à-dire qu'elle rejette définitivement la possiblité d'un passage de l'information du cytoplasme vers l'ADN, dernier espoir des néolamarckiens. En fait, l'irréversibilité souffre tout de même une seule exception, qui sera démontrée en 1972 par H. Temin et M. Baltimore[65] ; c'est le rôle de la *transcriptase inverse,* une enzyme qui, chez les rétrovirus, permet de transformer l'ARN en ADN. Cette découverte est à la base du séquençage et du clonage des gènes.

Le déchiffrage du *code génétique* marque une autre étape décisive de la biologie moléculaire. Il découle de la compréhension de la structure des acides nucléiques (ADN et ARN messagers) et de la structure des acides aminés. On sait qu'il existe seulement vingt types d'acides aminés pour constituer l'ensemble des protéines. Or les acides nucléiques des programmes génétiques sont formés par des séquences de quatre types de nucléotides constitués avec les bases A (pour Adénine) – T (pour Thymine) – G (pour Guanine) – C (pour Cytosine) pour les ADN et A – U (Uracile) – G – C pour les ARN[64]. Pour passer du message aux protéines, il fallait bien qu'il y ait un code. Ce code a été déchiffré dans les années 1961-1964, dans les deux laboratoires de S. Ochoa et de M. Nirenberg[66]. Le prix Nobel de 1968 récompensera M. Nirenberg, R. Holley et G. Khorana, oubliant M. Manago qui avait pourtant fortement contribué à cette découverte dans le laboratoire de S. Ochoa, déjà prix Nobel en 1959 pour ses autres travaux. Le *code génétique,* souvent appelé *code RNA,* est constitué de combinaisons codantes, les *codons,* formés de triplets de nucléotides. Les soixante-quatre combinaisons possibles représentent soit un acide aminé (soixante et un des triplets, avec quelques synonymes), soit des messages d'arrêt de traduction. On a démontré que ce code est universel, des bactéries aux mammifères.

Une autre découverte très importante, dont l'intérêt n'a pas été reconnu tout de suite, concerne ce que l'on appelle maintenant les *gènes sauteurs* ou *transposons*. C'est l'œuvre de Barbara McClintock[67] qui a travaillé sur le maïs en 1942, mais qui ne fut recompensée par un prix Nobel qu'en 1983. Barbara McClintock montra que certains stress, comme par exemple un changement de température, déclenchaient un déplacement dans le génome de ce qu'elle appela des *éléments de contrôle*. Ces déplacements faisaient apparaître des réarrangements chromosomiques et altéraient l'expression du codage des gènes. Ces *éléments transposables* sont des fragments d'ADN, reconnus depuis la levure jusqu'à l'homme, qui ont pu jouer un rôle considérable dans l'évolution. Ils pourraient notamment intervenir lors des phénomènes de formation des espèces en provoquant des *mutations ou remaniements chromosomiques* et ce que les biologistes de la théorie synthétique appelaient la révolution génétique de la spéciation. Ces remaniements chromosomiques semblent à l'origine de nombreuses espèces chez les drosophiles et les rongeurs. Ils pourraient notamment constituer une part importante des séquences répétées qui représentent de 30 à 40 % du génome des mammifères et sont mobiles. Ces mouvements semblent d'ailleurs régulés par des processus qui contrôlent leurs emplacements[56]. Des progrès techniques ont été réalisés qui permettent, depuis 1974, de cloner les gènes eucaryotes dans les plasmides bactériens et, depuis 1977, de séquencer l'ADN des diverses espèces[57]. Un programme particulier a été mis au point, celui du génome humain, programme très important par toutes ses applications potentielles. Alors que le séquençage était une technique longue et fastidieuse, le Français Daniel Cohen a révolutionné la technique en 1993[68].

Nous reviendrons, à l'occasion de l'étude du développement, sur la découverte, en 1979, d'une catégorie particulière de gènes qui contrôlent la forme des organismes, les fameux *gènes homéotiques*.

3.2 – Le gène et ses mutations

Définir le gène aujourd'hui, après tous les progrès réalisés, n'est pas aussi simple qu'on pourrait le croire. Avant la biologie moléculaire, le stade *synthétique* de la théorie avait établi une *relation linéaire* directe entre un gène et un caractère. Une mutation (mécanisme) déterminait un petit changement morphologique (résultat), et un grand changement morphologique impliquait de très nombreuses mutations. Désormais, cette définition est caduque. Un gène ne correspond pas à une base, mais à un fragment de séquence de la double hélice d'ADN, d'où le terme désormais souvent usité de *séquence génomique*.

La définition structurelle actuelle du gène[57] correspond à un *segment d'ADN impliqué dans la production d'une chaîne polypeptidique ; il comprend des régions qui précèdent ou qui suivent la région codante, ainsi que les séquences intercalaires (introns non codants) situées entre les séquences codantes (exons).*

Nous avons déjà vu qu'il y avait des *gènes de structure* et des *gènes régulateurs*. En général, un gène est une unité discontinue, morcelée et parfois dispersée, qui code pour une protéine particulière. Si l'on ajoute les *gènes sauteurs,* des séquences de gènes pouvant s'introduire dans un génome à l'occasion d'une infection virale ou autre, on conçoit la difficulté de trouver une définition générale du gène.

Mais il faut aussi savoir qu'un caractère peut être affecté par plusieurs gènes *(caractère polygénique)* et, à l'inverse, qu'un gène peut affecter plusieurs caractères *(pléitropie).* Le fait que le même gène puisse agir sur la formation ou la fonction de plusieurs organes complique la compréhension des phénomènes évolutifs. On a pu montrer chez l'homme, par exemple, que la simple substitution d'un acide aminé de la partie active de la chaîne d'hémoglobine ß modifiait les propriétés de l'hémoglobine au point de modifier la forme des globules rouges (anémie falciforme).

Cette mutation a deux effets directs. L'organisme qui ne reconnaît pas les globules modifiés les détruit, ce qui conduit à l'anémie. En outre, par leur déformation, les globules rouges ont tendance à obstruer les vaisseaux sanguins, à bloquer la circulation dans les capillaires, ce qui perturbe la croissance et la fonction des organes. Au total, les conséquences de cette mutation sont considérables, favorisant l'hyperfonctionnement des os à moelle pour la production de globules rouges, entraînant une lassitude et une fatigue du malade, retardant sa croissance, provoquant des ennuis cardiaques, parfois même des pneumonies ou des paralysies, des rhumatismes, des détériorations de l'intestin et du foie.

Autre exemple montrant l'ampleur de l'effet des mutations, celles chez les Hominoïdés de deux mutations « non-sens » (inversion des bases dans la séquence) qui ont entraîné la perte de l'activité de l'urate oxydase. Ces mutations, mises en évidence par Wu, Muzny, Lee, et Caskey en 1992[69], se situent sur le codon 33 pour *Homo, Pan, Gorilla* et *Pongo* et sur le codon 187 pour *Homo, Pan, Gorilla*, du gène (qui comprend 304 codons de 3 bases) de cette urate oxydase et une réduction de séquence entre ADN et ARN de transcription de protéine dans l'exon 3 où le type sauvage AG est remplacé par AA chez *Homo, Pan, Gorilla*. Chez le gibbon, la même anomalie est connue mais son origine est différente et résulte d'une délétion d'une séquence (AAG AAC ACA GTT C) dans l'exon 2 entre les codons 72 et 76. Cet accident évolutif qui augmente de 10 fois le taux d'acide urique dans le sérum est la cause des calculs rénaux, de l'arthrite et de la goutte chez l'homme. Mutation malencontreuse, mais qui a été acceptée par la sélection naturelle.

Quoi qu'il en soit, la molécule d'ADN est une molécule extraordinaire qui, par sa structure, permet d'obtenir au moment de la réplication des copies non identiques ; ce sont les *mutations*. Les mutations correspondent à des changements intervenant dans la séquence génomique ; ce sont des *sauts,* des *discontinuités,* qui apparaissent au hasard, mais selon un hasard contraint par la structure même de la molécule d'ADN. *Les mutations sont le moteur du changement évolutif.*

Elles peuvent être très diverses : remplacement d'une paire de bases par une autre (mutation ponctuelle : A-T remplaçant G-C), inactivation d'un gène sauvage (mutation directe) et surtout changement du cadre de lecture dans lequel les triplets sont traduits en protéine (mutation du cadre de lecture), remplacement d'un codon représentant un acide aminé par un codon de terminaison (mutation « non-sens »), réactivation d'un gène sauvage (mutation réverse), etc.

Les mutations entraînent des conséquences très variées : quand elles sont silencieuses ou neutres, elles ne provoquent aucune modification de l'expression du gène, cependant, dans de nombreux cas, elles peuvent engendrer au cours du développement des anomalies parfois létales, mais aussi des innovations et des modifications de structure de grande envergure. Nous y reviendrons. De nombreux travaux ont été menés sur la diversité génétique qui ont renouvelé notre conception de l'espèce et de sa variabilité [70,71].

3.3 – La théorie neutraliste de l'évolution

Theodosius B. Dobzhansky [72] et A. H. Sturtevant ont démontré chez *Drosophila pseudoobscura* l'existence d'un large polymorphisme chromosomique correspondant à un grand nombre d'inversions chromosomiques. Tous les calculs montrent que, pour une inversion, les hétérozygotes ont une valeur adaptative plus élevée que les homozygotes. Cette idée a été concrétisée par la notion d'*homéostasie génétique* par I. M. Lerner [73], qui considère que les populations qui se reproduisent ont une composition génétique qui retient une valeur sélective moyenne maximale. Dobzhansky, explorant plus loin ce problème, proposa deux hypothèses contradictoires[72]. Dans l'hypothèse dite *classique,* les changements évolutifs résulteraient d'un remplacement graduel aboutissant à la fixation de l'allèle le plus favorable. Dans une telle population, les individus doivent être en majorité homozygotes, les hétérozygotes devant être très rares. Dans la seconde hypothèse, dite *de l'équilibre des allèles,* les individus, à l'inverse, sont majoritairement hétérozygotes, selon une norme adaptative, et les homozygotes sont rares en raison de leur valeur sélective inférieure. Or dans les années 1960, on découvrit, grâce au développement des nouvelles techniques de l'électrophorèse des protéines, l'existence d'un très important polymorphisme enzymatique[74] pouvant donner l'impression de supporter la théorie de l'équilibre des allèles. Mais ce polymorphisme moléculaire était trop important pour laisser un rôle acceptable à la sélection naturelle qui devrait théoriquement le réduire, voire le faire disparaître. En outre, il ne s'accompagne pas d'effets phénotypiques et ne semble pas lié aux paramètres de l'environnement. Ce dilemme a été résolu par l'introduction de nouvelles théories mathématiques, les *modèles de diffusion* par Motoo Kimura[75]. Ce chercheur, en 1967, a eu l'idée que *la majorité des substitutions nucléotidiques au cours de l'évolution devaient résulter de la fixation aléatoire de mutants neutres plutôt que d'une sélection darwinienne positive, pensant en outre que de nombreux polymorphismes enzymatiques devaient être sélectivement neutres et maintenus en équilibre entre la pression de mutation et l'extinction aléatoire.*

Ces conceptions ont été à l'origine d'une *théorie neutraliste de l'évolution*[76]. Mais peut-on vraiment parler d'évolution pour cette théorie ? Cette théorie que Kimura appelle aussi *théorie de la mutation et de la dérive aléatoire* n'est pas comme on l'a présentée souvent une théorie non darwinienne, en raison de la part restreinte qu'elle accorde au sélectionnisme. Elle ne fait que rééquilibrer les rôles respectifs des mutations et de la sélection. La théorie *ne postule pas que toutes les mutations sont sélectivement neutres (équivalentes) lorsqu'elles apparaissent. Elle suppose en réalité qu'une certaine proportion de mutations est délétère et que le reste est sélectivement neutre. Cette fraction dépend des contraintes fonctionnelles de la molécule.*

C'est-à-dire que les substitutions sont plus abondantes dans les séquences non codantes (les introns) et les pseudogènes où les contraintes fonctionnelles sont les plus faibles : *là où les changements moléculaires ont une probabilité moindre d'être soumis à la sélection naturelle.* Kimura oppose l'évolution au niveau phénotypique caractérisée par *l'adaptation, l'opportunisme, l'irrégularité des taux d'évolution entre les lignées* à celle du niveau moléculaire où les changements sont de nature *conservatrice et aléatoire et les vitesses tout à fait régulières et les taux égaux entre les diverses lignées pour une protéine donnée.*

Il concède cependant que la constance du taux n'est qu'approximative pour une protéine donnée : *Les taux d'évolution des substitutions alléliques sont d'autant plus élevés qu'une molécule ou région d'une molécule subit moins de contraintes fonctionnelles.* Mais Kimura reconnaît que *l'évolution neutraliste peut être considérable au niveau moléculaire, même quand la sélection naturelle prédomine au niveau phénotypique.* C'est-à-dire qu'il ne rejette pas la sélection darwinienne proprement dite, qu'il appelle la *sélection positive.* Il affirme seulement qu'elle *agit principalement sur les phénotypes qui sont le résultat final de l'action de nombreux gènes.* Se demandant *pourquoi la sélection prédomine au niveau phénotypique alors que la fixation aléatoire des allèles sélectivement neutres ou presque neutres l'emporte au niveau moléculaire,* il estime que *la sélection qui agit sur les phénotypes est la sélection stabilisatrice…* qui agit en éliminant *les individus phénotypiquement extrêmes et conserve ceux qui sont proches de la moyenne de la population.* Ainsi, pour Kimura, l'évolution se caractérise par *de longues phases où la sélection stabilisatrice prédomine (et, dans ces conditions, l'évolution neutraliste ou fixation aléatoire des allèles mutants s'effectue de manière considérable et transforme tous les gènes, y compris ceux des fossiles vivants), entrecoupées par des périodes de sélection directionnelle rapide pour suivre les changements de l'environnement.*

Cette théorie, en raison de ses développements mathématiques complexes, n'a pas toujours été très lue et bien comprise, alors qu'elle introduit des notions essentielles pour la compréhension de l'évolution. Retenons tout d'abord la notion de *mutations actuellement neutres,* mais qui, dans un contexte donné nouveau, pourront éventuellement devenir actives et permettre à l'espèce d'être rapidement adaptée à des paramètres particuliers. C'est une *réserve de potentiel évolutif* que l'organisme accumule régulièrement dans son génome. Retenons ensuite que l'évolution apparaît comme une succession de longues phases de stabilité coupées par des phases de changement rapide.

Examinons maintenant les rénovations qui ont eu lieu dans le domaine de la systématique et de l'établissement des liens de parenté, aussi bien des formes actuelles que fossiles et qui ont consacré l'ère de la *cladistique.*

Chapitre 4

HIÉRARCHIE DU VIVANT
ET RÉNOVATION CLADISTIQUE

La diversité biologique, la *biodiversité,* s'exprime par l'inventaire des espèces actuelles et fossiles (figure 1) et par la reconstitution d'arbres de relations de parenté entre les diverses espèces. Le *mode* majeur de cette biodiversité est celui des *bactéries* dominant en nombre d'espèces (plus d'un million ?) et d'individus (des milliards de milliards) et des insectes (1 autre million d'espèces), celui des vertébrés (associés en symbiose avec des bactéries) avec leur grande complexité ne représentant qu'une minorité, une extrémité d'une courbe de Gauss très étirée à droite[77]. Il semble que la biodiversité varie en raison inverse de la complexité.

4.1 – Un système très hiérarchisé

La notion de classification remonte à Aristote, mais la nomenclature zoologique moderne a été élaborée par le naturaliste suédois Charles Linné[78] en 1758. Fondée sur les concepts créationniste et fixiste de l'espèce de l'époque, le *Systema Naturae* de Linné décrit l'agencement de la nature, un travail considérable que Linné lui-même portait aux nues, puisque, après la création des espèces par Dieu, c'est lui qui avait eu l'honneur de leur donner un nom ; il avait en quelque sorte achevé la création !

La systématique est un *système hiérarchique descendant de diversification* des phylums aux espèces, par tous les degrés de groupements de moins en moins généraux, des classes, ordres, familles, genres, espèces et sous-espèces.

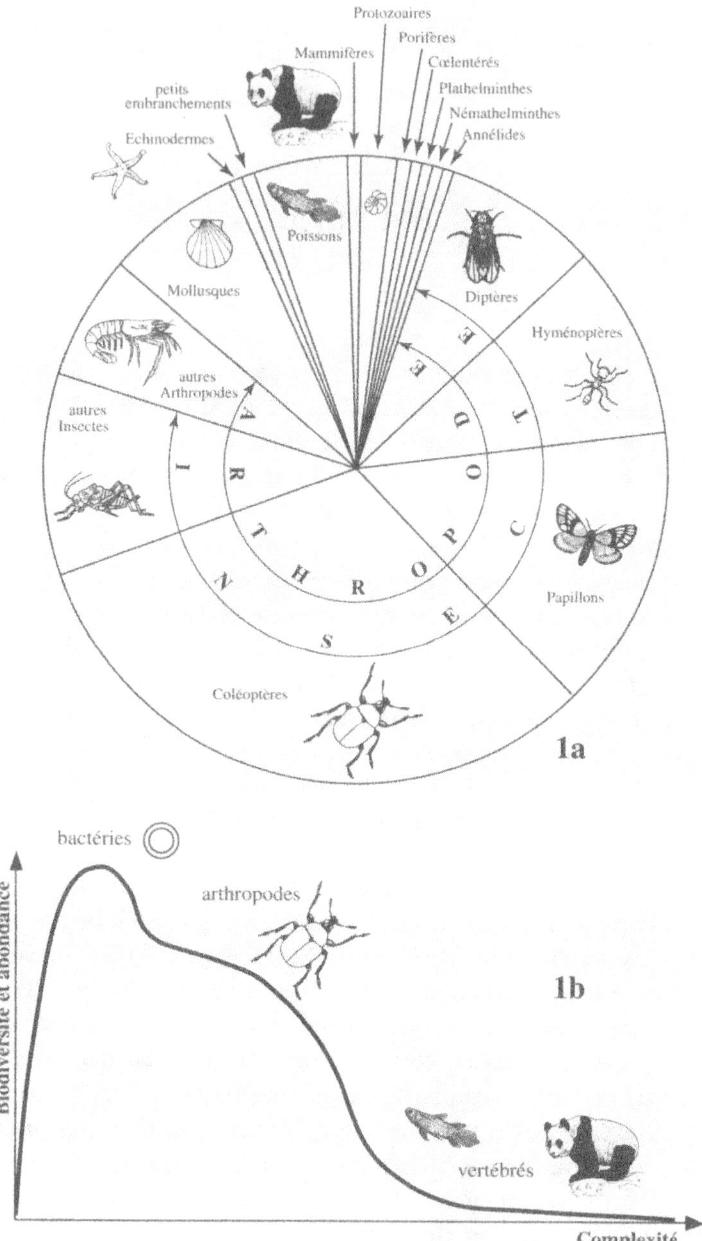

petits embranchements
Echinodermes
Mammifères
Protozoaires
Porifères
Cœlentérés
Plathelminthes
Némathelminthes
Annélides
Poissons
Mollusques
Diptères
Hyménoptères
autres Arthropodes
autres Insectes
Papillons
INSECTES
ARTHROPODES
Coléoptères
1a
bactéries
arthropodes
Biodiversité et abondance
1b
vertébrés
Complexité

Cette *organisation hiérarchique du vivant* est une notion bio-logique dont la signification profonde n'a pas toujours été bien comprise, mais qui est essentielle pour comprendre le *couplage* ou le *découplage* des divers niveaux d'organisation du vivant. Il est par ailleurs vraisemblable que cette hiérarchie organique de la biosphère ne fasse que refléter, mais à l'envers, la *hiérarchie ascendante de complexité de plan d'organisation* comprenant successivement les bases A, T, C, G, les gènes (notamment ceux de régulation), les chromosomes, les molécules, les cellules et les organes constituant l'individu au travers de l'ontogenèse (figure 2). Cette hiérarchie est relayée aux plus grandes échelles par une *hiérarchie ascendante* complémentaire que l'on peut qualifier d'*écologique* dans la mesure où elle concerne les individus regroupés en populations, puis en espèces, communautés et biosphère. Ce sont des concepts majeurs sur lesquels nous reviendrons.

Darwin, en proposant sa théorie de la descendance, apportait une explication à cette biodiversité du vivant, aux ressemblances et aux différences, résultats de l'histoire évolutive de la vie, ce que Haeckel a appelé la *phylogénie*.

◀ **Figure 1. *1a*) La biodiversité.** La biosphère actuelle comprendrait entre 1,4 et 1,6 million d'espèces animales décrites (hors bactéries), dont plus d'un million d'insectes (et environ 500 000 espèces végé-tales) ; *1b*) Pour être exhaustif, il faut donc ajouter à cette biodiver-sité les bactéries, dont le nombre pourrait dépasser le million d'espèces et l'abondance des milliards de milliards de milliards d'in-dividus. Les bactéries représentent le mode central de la distribution de la biosphère et ont une structure relativement simple tandis que les insectes et les vertébrés ont acquis des structures beaucoup plus complexes… Cette biodiversité et cette abondance respectives des espèces semblent varier en sens inverse de la complexité (*1a*, d'après Muller W. S. et Campbell, A., 1954. In : Heberer G., 1967. *Die Evolution der Organismen*, G. Fischer Verlag, 1 : 295, modifié ; *1b*, d'après Gould, S. J. 1997[77], modifié).

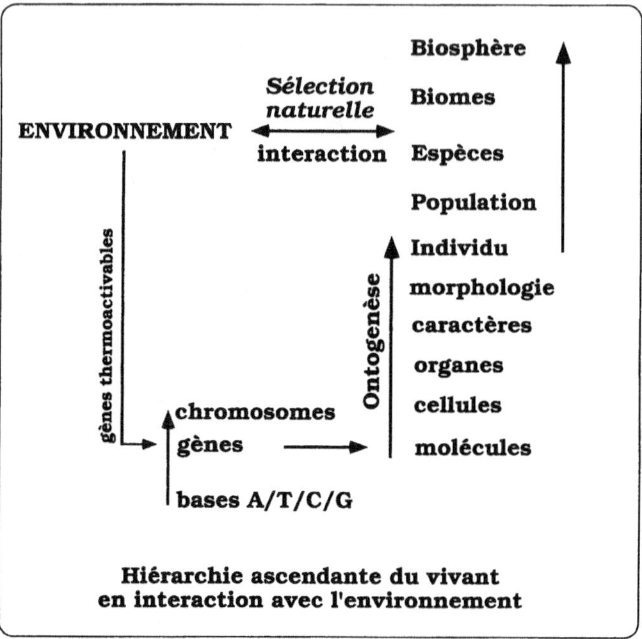

Figure 2. La hiérarchie ascendante du vivant. Le vivant est organisé en une série hiérarchique ascendante de type phylogénétique, depuis les bases formant les gènes alignés sur les chromosomes qui contrôlent la formation des molécules composant les cellules, puis en organes pour constituer les individus au travers de l'ontogenèse. Une seconde série hiérarchique ascendante de type écologique se traduit par le rassemblement des individus en populations, puis en espèces, en biomes pour constituer l'ensemble de la biospère. Une interaction entre l'environnement et les individus se concrétise par la sélection naturelle, sachant que l'environnement peut interréagir directement avec les gènes au travers des gènes thermosensibles.

4.2 – La systématique évolutive

L'élaboration de la théorie synthétique dans les années 1940 n'a pas négligé la systématique considérée comme la science de classification du vivant. C'est à George

Gaylord Simpson, le paléontologiste de la théorie synthétique, que l'on doit d'avoir formulé en 1945 les principes[79], règles et lois de la classification ; ce qu'il appelle la *taxinomie* ou *taxonomie*. En systématique évolutive, la phylogénie était à cette époque reconstituée sur la base des archives paléontologiques en suivant le principe des relations directes ancêtres-descendants découverts dans les couches superposées du globe. Cette méthode a été qualifiée de *stratophénétique* par Phillip Gingerich ; c'est-à-dire qu'elle utilise la succession stratigraphique des morphologies pour lire l'évolution. La phylogénie stratophénétique s'appuyait sur la considération, malheureusement fausse et toujours d'actualité, que les caractères d'un fossile très ancien sont par principe *primitifs,* tandis que ceux d'un fossile récent sont par conséquent plus *évolués*. Ainsi l'âge d'un fossile portant une caractéristique servait à définir son degré d'évolution. Cette approche de la systématique et de la phylogénie ne suivait pas de règles strictes. C'était plutôt un *art spécifique* où chaque spécialiste établissait *sa* systématique d'un groupe et, trop souvent, la logique cédait le pas au jugement arbitraire.

4.3 – La systématique phylogénétique ou cladisme

C'est en 1950 que la systématique a subi le début de sa révolution. On doit ce progrès essentiel à Willi Hennig qui a posé les règles d'une méthode rigoureuse. Son ouvrage fondamental *Grundzüge einer Theorie der phylogenetischen Systematik*[80] est tout d'abord passé inaperçu en raison sans doute de sa rédaction en allemand peu pratiqué par les spécialistes. Il n'a vraiment été pris en compte qu'après sa traduction en anglais et est à l'origine d'un mouvement rénovateur appelé le *cladisme.*

4.3.1 – *Les principes de la systématique phylogénétique.*

Cette méthode est fondée sur le principe de la descendance avec modification de Darwin. Elle consiste à rechercher les degrés de parenté entre les espèces et l'ancienneté de leur ascendance commune, c'est-à-dire l'âge de leur point de divergence à partir d'un ancêtre commun. La systématique phylogénétique se base sur l'analyse et la distribution des caractères au sein des espèces[80-84]. Mais elle introduit une réflexion sur les similitudes qui peuvent avoir des significations différentes. Trois cas de figure sont alors possibles pour l'évaluation des relations de parenté de deux espèces.

En premier lieu, la ressemblance morphologique peut être due au fait que les mêmes caractères, supposés homologues, sont hérités d'un ancêtre commun temporellement proche. On parle alors de caractères dérivés ou *apomorphes* et de *synapomorphies* pour le partage de plusieurs caractères dérivés communs hérités. Les organismes qui partagent des synapomorphies forment un groupe *monophylétique*. Par exemple, la plume est l'une des apomorphies qui définit le groupe monophylétique des oiseaux.

Mais la ressemblance morphologique peut avoir une autre signification et résulter de la possession de caractères archaïques ou primitifs qualifiés de *plésiomorphes*. Ces caractères ne font que refléter un héritage très ancien et, au gré de l'histoire évolutive, ils sont partagés par de très nombreux descendants. La présence de plusieurs caractères plésiomorphes constitue une *symplésiomorphie*. Les symplésiomorphies caractérisent les groupes dits *paraphylétiques* constitués par un ensemble plus ou moins large de groupes monophylétiques. Les symplésiomorphies sont les témoins d'une ancienne parenté et n'apportent pas beaucoup d'information sur les ancêtres récents. Par exemple, les quatre pattes des tétrapodes sont une plésiomorphie pour l'ensemble des mammifères.

Enfin, les ressemblances peuvent résulter d'un phénomène de convergence adaptative au sein de groupes séparés depuis une très longue histoire évolutive. Les groupes qui possèdent des caractères résultant de convergence *(homoplasie)* sont dits *polyphylétiques*. Par exemple, les animaux ayant tous la forme de souris-kangourous, mais appartenant à des groupes différents (Marsupiaux, Macroscélédidé, rongeur Dipodidé, rongeur Hétéromyidé), seraient des groupes polyphylétiques, si on les regroupait entre eux à cause de ce caractère. La distinction entre ces trois types de similitudes n'est pas toujours aisée. C'est pourquoi, elle doit être réalisée en utilisant le maximum de caractères et en appliquant le principe de parcimonie qui veut que les solutions les plus simples soient les plus vraisemblables ; un principe de simplicité qui fait l'économie du nombre d'événements évolutifs supposés.

4.3.2 – *La démarche cladistique et ses biais*

La démarche cladistique cherche à distinguer les groupes monophylétiques en adoptant une réflexion rétrospective, puisque ce sont les descendants qui donnent des informations sur les ancêtres. Deux groupes ayant un même ancêtre commun direct sont considérés comme des groupes frères et forment avec cet ancêtre un groupe monophylétique. La systématique phylogénétique utilise la méthode heuristique, c'est-à-dire qu'elle cherche à établir des faits et à en percevoir la signification. Mais il est souvent difficile de déterminer la nature plésiomorphique ou apomorphique d'un caractère. Le seul moyen de test est la prise en compte d'un taxon extérieur, la comparaison avec un groupe externe *(outgroup)*. L'état d'un caractère peut être déterminé par des arguments biologiques, paléontologiques ou géologiques, mais nous verrons plus loin l'existence des altérations chronologiques du développement qui peuvent modifier, supprimer, amplifier, ou même inverser la polarité d'un caractère. On analyse la distribution des caractères chez les formes vivantes en essayant de mettre en évidence les synapomorphies. Puis on émet une hypothèse sur les relations de parenté en utilisant le *principe de parcimonie*. Précisons tout de suite que, compte tenu de sa contingence historique, le phénomène évolutif ne suit pas forcément la voie la plus parcimonieuse ; premier biais théorique. Les relations de parenté sont exprimées par des *cladogrammes* relatant la distribution des synapomorphies, les nœuds définissant les limites des groupes monophylétiques. Du cladogramme, on peut passer à un *arbre phylogénétique*, exprimé en termes d'ancêtre-descendant, construit sur les nœuds de divergence. Pour un cladogramme de trois taxons, il existe six arbres phylogénétiques possibles. Il y en a des milliers lorsque les objets comparés sont plus nombreux... Comment choisir, alors ? Un exemple montre la difficulté du choix. La comparaison de deux séquences d'ADN mitochondrial chez 189 hommes modernes, par référence à l'ADN de chimpanzé utilisé comme groupe externe, a donné plus de 100 cladogrammes aussi parcimonieux les uns que les autres dont l'un a été choisi au hasard pour la publication[82]. Ultérieurement, les auteurs ont repris les données et analysé 50 000 cladogrammes possibles pour en tirer un, appelé *cladogramme consensus*. Mais était-il représentatif ?

Au-delà du cladogramme, on peut construire un scénario qui replace les relations de parenté dans leur contexte stratigraphique, biogéographique et écologique. C'est un test qui le rend probable ou inadéquat. On discute encore actuellement pour savoir jusqu'où l'on peut utiliser avec rigueur les arbres phylogénétiques.

L'un des inconvénients majeurs de la méthode est lié à la prolifération d'une multitude de travaux phylogénétiques qui s'éliminent les uns les autres parce qu'ils n'utilisent pas rigoureusement les mêmes ensembles de taxons, ni les mêmes caractères homologues, ou ne prennent en compte qu'un ou deux caractères de plus que les travaux précédents. Ce qui encombre la littérature scientifique de travaux à valeur éphémère, une véritable inflation... Une autre critique touchant la signification des caractères est l'ignorance des phénomènes d'hétérochronies du développement qui peuvent modifier la *polarité évolutive des caractères* par des inversions. Enfin, la cladistique est incapable de prendre en compte les changements graduels de caractères.

4.3.3 – *Découplage des niveaux d'organisation*

Malgré ces critiques, les résultats à mettre sur le compte du cladisme sont très importants et ont rénové cette discipline de la systématique. En effet, le travail de base du biologiste comme du paléontologiste est toujours un travail de systématique ; comment étudier l'évolution aux divers niveaux hiérarchiques du vivant si l'on ne maîtrise pas parfaitement la systématique des organismes étudiés ? A quoi bon connaître parfaitement les séquences de gènes d'un individu si l'on ne sait pas à quelle espèce et sous-espèce il appartient ! C'est cependant ce qui est arrivé dans la comparaison des séquences géniques des singes supérieurs et des hommes où l'on a identifié les espèces, mais sans prendre en compte les sous-espèces impliquées et leurs formules chromosomiques pourtant indispensables pour comprendre leur diversification. Du fait de cette négligence, tout le travail est à reprendre[83].

L'approche cladistique a introduit beaucoup plus de rigueur dans l'analyse des caractères et dans les raisonnements. Les chercheurs ont désormais à leur disposition plusieurs logiciels qui établissent automatiquement les cladogrammes et permettent de proposer des relations de parenté (PAUP, Phylip[84]).

Parmi les remises en cause les plus surprenantes de la systématique figure la suppression de la classe des Reptiles, pour la simple raison qu'il n'existe pas un seul caractère apomorphe limité aux Reptiles[85]. Désormais, il faut parler de Tortues, Thérapsides, Lépidosaures, Archosaures…, mais certainement plus de Reptiles.

La démarche cladistique présente le très grand intérêt de permettre la comparaison des arbres phylogénétiques. On constate que les divergences entre les niveaux génétique et morphologique sont parfois parallèles, mais le plus souvent d'ampleurs différentes, en particulier chez les rongeurs[86] et surtout chez les singes supérieurs et l'homme[26,87-89]. La divergence génétique entre le chimpanzé et l'homme, calculée à partir d'une séquence du gène de la globine $\psi\eta$, est de 1,61 %[90]. Cette proximité génétique résulte du fait qu'ils ont eu un ancêtre commun dont ils ont hérité le patrimoine génétique. Les divergences de forme (phénétiques) sont beaucoup plus élevées. Ce *découplage* entre les divergences des deux niveaux d'organisation constitue ce que j'ai appelé le *paradoxe humain*[89]. Nous verrons au chapitre 8 la solution de ce paradoxe.

Si les recherches sur les molécules et la classification ont fait l'objet d'une véritable révolution qui a remis en cause bien des idées reçues, il en est de même en paléontologie où les méthodes mathématiques sont en train de renouveler complètement la discipline et permettent de préciser les notions d'*évolution continue et discontinue*.

Chapitre 5

CONTINUITÉ ET DISCONTINUITÉ
Les remises en cause de la paléontologie

Qu'apporte la paléontologie au débat évolutif ? Une argumentation essentielle, *la dimension temporelle de l'évolution*, des flashs d'informations sur l'histoire passée de la biosphère replacés dans un cadre chronologique et environnemental de plus en plus précis. La paléontologie a de ce fait été victime de son succès et a été trop souvent considérée sous son seul aspect appliqué d'outil de datation des terrains, alors que son sujet majeur d'étude est l'évolution des espèces. La paléontologie apporte des faits d'observations historiques incontournables montrant l'enchaînement réel des espèces, les modalités de leur évolution, en un mot les variations de la biodiversité dans les environnements disparus qu'elle permet également de reconstituer avec les géosciences.

Mais si la paléontologie permet de reconstituer des images du film de la vie, ce n'est pas elle qui permet d'accéder aux mécanismes évolutifs, c'est la biologie, notamment celle du développement.

Comme la paléontologie est la seule à avoir accès aux morphologies fossilisées dans les archives paléontologiques, il y a donc une nécessaire continuité entre les deux disciplines. L'interface entre les deux domaines a commencé à être prospectée au début du siècle, mais les moyens de calcul nécessaires n'étaient pas disponibles, car ils impliquaient au moins l'utilisation de l'informatique actuelle. C'est pourquoi, la nouvelle discipline de *morphologie géométrique* est seulement en pleine émergence actuellement.

5.1 – La morphologie géométrique

La description des formes en paléontologie est une démarche essentielle pour permettre les comparaisons entre espèces différentes de même âge ou d'âges différents. Historiquement, la forme des fossiles a tout d'abord été cernée au moyen de descripteurs qualitatifs d'images souvent peu précis.

Une tendance très originale a été développée par d'Arcy Thompson qui, dès 1917, cherchait à expliquer les changements de forme des organismes par le simple jeu de forces physiques, de tensions s'exerçant dans le cadre d'un champ de grilles cartésiennes[91]. Cette première tentative de quantification de la forme a été poursuivie par J. Huxley[92] dans les années 1930, avec ses recherches sur les allométries de croissance, c'est-à-dire sur les changements de morphologie résultant d'une croissance différentielle où la forme n'est pas conservée au cours du développement[22]. Mais les progrès de l'informatique ont été décisifs pour pouvoir modéliser la forme et ses changements. D. M. Raup et A. Michelson, en 1965, ont proposé une modélisation permettant pour la première fois de simuler le champ morphologique des coquilles à enroulement spiral[93].

La biomorphologie quantitative a donc devant elle un domaine immense à prospecter et à analyser, celui de l'exploration des *espaces morphologiques*[94] des divers *plans d'organisation* ou *bauplans,* autrement dit celui de la gigantesque *biodisparité morphologique*[95]. L'ensemble de la morphodiversité d'un groupe donné peut désormais être représenté par des espaces morphologiques quantifiés qui se présentent sous les formes de plans factoriels ou de champs vectoriels, voire d'arbres phénétiques.

François Jacob a judicieusement insisté sur les notions de *possible* et de *bricolage* en évolution[96] : *les possibles se réalisent en exploitant par un véritable bricolage les structures antérieures*. C'est-à-dire que les contraintes du développement sont telles que toutes les morphologies ne sont pas potentiellement réalisables dans le monde vivant ; certaines sont même réellement impossibles[97]. La nouvelle morphologie géométrique a donc pour objet de délimiter au sein des divers plans d'organisation les possibles réalisés, et théoriquement réalisables, et faire des investigations sur les formes théoriques non réalisables. Les recherches sur les changements morphologiques font actuellement l'objet de nouveaux développements[98-100] et la mise au point de nouveaux outils d'analyse de forme en est un exemple parmi d'autres. La *morphologie géométrique* au travers du logiciel *Procrustes*[101] est maintenant appliquée chez les ammonites et les brachiopodes fossiles du Jurassique[102], chez les oursins actuels[103], les rongeurs actuels et fossiles[104], et chez les primates et les hominidés[88,89,105,106]. Elle permet d'analyser les *champs morphologiques* exploités par les taxons.

La comparaison des distances génétiques avec les distances morphologiques (phénétiques) permet d'évaluer le *couplage* ou le *découplage* entre les divers niveaux d'organisation. La morphologie géométrique devient une nouvelle interface quantifiée entre la génétique, le développement et la paléontologie, permettant de comparer l'évolution aux divers niveaux d'intégration du vivant. Replacée dans le cadre environnemental, la biomorphologie permet enfin d'évaluer la part des contraintes internes (génétique et développement) et externes (environnement) de l'évolution, dans les divers groupes animaux. Un premier résultat obtenu chez les rongeurs[104] a montré que la forme du crâne était très liée à l'environnement et notamment à la nature du sous-sol qui conditionne le fouissage des terriers. Ces contraintes mécaniques déterminent des convergences morphologiques remarquables. C'est ainsi que des campagnols *(Lagurus)* ont acquis des morphologies crâniennes de type lemming et que, réciproquement, certains lemmings *(Synaptomys)* présentent des morphologies crâniennes de campagnols, selon la profondeur de leur terrier. On mesure ici le poids très fort de la sélection naturelle responsable de ces convergences.

Parmi les nouvelles méthodologies mathématiques utilisées, il est intéressant de citer celles qui permettent de tester les scénarios évolutifs. Ce sont notamment les méthodes comparatives dites *directionnelles* de l'*écologie du comportement*[107] qui permettent d'analyser les caractères couplés au comportement, comme par exemple la forme des dents aux comportements herbivores ou carnivores des mammifères. Ces méthodes vont sans doute connaître un grand développement dans les prochaines années.

5.2 – Les modèles évolutifs : continuité ou discontinuité dans l'évolution ?

L'une des plus violentes critiques contre la théorie de Darwin et le stade synthétique de la théorie de l'évolution porte sur le problème de l'évolution graduelle et des chaînons manquants qu'elle implique. A l'époque de la formulation de la théorie par Darwin, c'était un principe général reposant sur l'idée philosophique que l'humanité ne pouvait progresser que doucement, graduellement, et qui avait déjà été appliqué aux phénomènes géologiques[21]. L'imperfection des archives paléontologiques a curieusement favorisé deux tendances opposées d'interprétation[108]. Il y a, d'une part, la conception inconditionnelle de continuité, d'une évolution graduelle, confortée par l'idée de la variation progressive de la fréquence des gènes affirmée dans la génétique du stade *synthétique* des années 1940 et, d'autre part, une vision discontinue, ponctualiste de l'évolution, reflétant l'aspect lacunaire des archives paléontologiques.

5.2.1 – *Evolution graduelle et canalisation*

Nous avons vu que dans le stade synthétique de la théorie de l'évolution, Simpson[13,14] avait identifié deux grandes modalités évolutives : *la division des lignées* ou *cladogenèse* et *l'évolution phylétique* ou *anagenèse* correspondant à l'évolution graduelle qui semble *a posteriori* souvent directionnelle.

Dans son ouvrage fondateur, Simpson faisait la part royale à l'évolution graduelle, c'est-à-dire au *gradualisme phylétique*. Or l'enregistrement des archives paléontologiques, essentiellement événementiel et très irrégulier en raison des conditions de sédimentation[109], ne favorise pas l'existence des séquences complètes détaillées qui seraient nécessaires pour décrire quantitativement les diverses modalités de l'évolution. Même si le gradualisme existe, il est très difficile à démontrer en raison des aléas de la fossilisation qui favorisent, il faut le dire, l'aspect ponctualiste de l'interprétation des archives paléontologiques. La démonstration de l'évolution graduelle quantique implique une abondante documentation de représentants de la plupart des générations successives intermédiaires sur l'ensemble de l'aire de répartition de l'espèce souche ancestrale. C'est, par exemple chez les rongeurs campagnols, l'allongement progressif de la durée de la croissance dentaire qui, limitée chez les formes archaïques, devient continue chez les formes dérivées[110]. On a pu ainsi quantifier l'augmentation graduelle de la hauteur des molaires *(hypsodontie)* à l'échelon de l'Europe ; augmentation qui semble corrélée d'une certaine manière aux changements de climats contemporains. Ce gradualisme ne fait qu'exprimer le résultat du jeu interactif des contraintes internes de développement et de la sélection naturelle impliquée par l'environnement[22]. En effet, les molaires des rongeurs soumis à des changements d'environnements (steppes à graminées) ne peuvent se développer qu'en longueur ou en hauteur. Si l'allongement dentaire est effectivement observé dans plusieurs lignées, c'est surtout l'élévation de la hauteur de la dent qui s'est réalisée le plus souvent pour des raisons strictement mécaniques.

Les archives paléontologiques montrent également l'existence de *tendances (trends)* qui correspondent à des séries de changements *orientés* dans un même sens et *cumulés* au sein de plusieurs groupes apparentés, et ce pendant de longues périodes géologiques. On peut citer, à côté des dents de rongeurs déjà évoquées, les développements des cornes nasales des titanothères, des mammifères nord-américains tertiaires[111], ou encore le développement progressif de plus en plus important des canines en forme de sabre des chats dits *machairodontes* en raison de leur présence dans le genre *Machairodus*[112]. Mais l'un des plus beaux exemples de canalisation est sans doute la tendance du crâne des primates à s'accroître en volume grâce à des processus de contraction crânio-faciale se faisant par sauts et allant de plus en plus loin à chaque saltation[88,89,105,113]. Ce phénomène de *canalisation* est donc fréquent dans les archives paléontologiques[114] et permet de comprendre pourquoi certains auteurs, comme Bergson[115], Chandebois[18] et beaucoup d'autres ont pu développer des idées finalistes. Les canalisations sont semble-t-il dues aux contraintes du développement qui limitent les possibilités de transformation des caractères[97].

5.2.2 – *Le ponctualisme*

La vision gradualiste de l'évolution a été vigoureusement contestée par Nils Eldredge et Stephen Jay Gould[116] en 1972 dans un article qui a fait date. Ils ont proposé une alternative au gradualisme phylétique : *la stase,* base du modèle des *équilibres ponctués,* rediscuté en 1977[117], puis en 1983[118]. Vingt ans après, en 1993[119], ils ont fait l'apologie du modèle.

Qu'est-ce que le modèle des équilibres ponctués ? Premièrement, ce n'est pas comme on le clame trop souvent une théorie, mais un modèle qualitatif, c'est-à-dire une représentation abstraite expliquant la répartition des espèces fossiles observée dans les archives paléontologiques. Le modèle des équilibres ponctués a été proposé comme une alternative à l'évolution graduelle appliquée, il faut le reconnaître, assez dogmatiquement par les tenants de la théorie synthétique. Il prenait en compte deux observations faites dans les archives paléontologiques. Tout d'abord, très souvent certaines espèces se maintiennent sans changement pendant des millions d'années, c'est la *stase,* que Simpson appelait l'*évolution bradytélique* ou arrêtée. Ensuite, dans les successions de couches géologiques, on constate qu'une espèce est souvent remplacée par une autre espèce sans trouver d'intermédiaire, posant le problème de l'origine de la nouvelle espèce. A ces deux questions, Eldredge, le promoteur de l'idée, et Gould, le formulateur, ont proposé : les espèces restent en stase pendant des millions d'années, en équilibre avec leur milieu, et cet *équilibre* peut être *ponctué* par des événements de formation d'espèce (spéciation) rares, mais cependant rapides à l'échelle géologique. D'où le nom du modèle qui soutient l'existence majoritaire des stases dans l'évolution biologique, sans nier complètement l'existence du gradualisme phylétique, mais en le considérant comme très secondaire par rapport aux stases et tout juste capable d'assurer de minimes adaptations postérieures à l'événement majeur de la spéciation. Ce modèle évolutif s'appuie sur le mode de spéciation marginal *allopatrique* de Mayr. Le remplacement des espèces dans la succession des strates s'explique par le fait que les nouvelles espèces se différencient sur les bordures de l'aire de répartition de l'espèce mère. Ensuite, les espèces filles ré-envahissent le territoire de l'espèce souche qu'elles éliminent par leur meilleure adaptation. Le modèle des équilibres ponctués doit donc être testé sur de grands ensembles géographiques débordant la répartition d'une espèce mère, sans oublier le remplacement de l'espèce souche par sa descendante. En fait, le modèle a surtout été appliqué dans des sondages représentant une colonne stratigraphique où le devenir d'une seule espèce a été suivi sans prendre en compte, d'une part, son histoire dans toute sa zone de répartition et, d'autre part, son remplacement par l'espèce descendante théoriquement formée marginalement ; ce qui enlève beaucoup à la valeur des démonstrations.

Le modèle a été fondé sur deux exemples étudiés par les auteurs, celui des trilobites de l'Etat de New York[120], de Eldredge, et celui des mollusques des Bermudes[121], de Gould. Ces deux travaux fondamentaux ont ouvert un large débat international[122] où paléontologistes et biologistes se sont affrontés en présentant leurs argumentations en faveur du nouveau modèle ponctualiste ou de l'ancien modèle graduel.

5.2.3 – *Coexistence du ponctualisme et du gradualisme*

En fait, il apparaît que les défenseurs et les opposants au modèle des équilibres ponctués ont tous les deux raison. Pourquoi ? Parce que les stases et le gradualisme phylétique existent indépendamment selon les groupes et même coexistent dans les archives paléontologiques. Plusieurs exemples de gradualisme phylétique ont été démontrés sur toute l'étendue de leur aire de répartition et sur une durée de plusieurs millions d'années chez les rongeurs[108,123] et les ammonites[124]. En outre, au sein même des communautés de rongeurs, certaines espèces évoluent graduellement pendant que d'autres restent en stase[125]. Le modèle des équilibres ponctués repose sur l'idée que les espèces restent en équilibre avec leur environnement jusqu'à la formation de nouvelles espèces. Une fois formées, celles-ci peuvent effectivement rester en stase morphologique. Mais l'environnement se modifie très souvent et l'on doit obligatoirement intégrer une *composante de déséquilibre* de l'espèce vis-à-vis de son milieu. Ce déséquilibre se traduit au niveau des espèces de deux façons différentes, soit par des *variations* dites *écophénotypiques réversibles,* soit par l'*évolution graduelle irréversible.* Les variations écophénotypiques correspondent à des *potentialités* de variations existantes dans le programme génétique d'une espèce où la morphologie exprimée est étroitement dépendante des paramètres de l'environnement, la température et l'hygrométrie par exemple. Ces variations morphologiques sont généralement observées chez les espèces qui présentent ce que l'on appelle des *variations morphologiques clinales* qui suivent les gradients géographiques des paramètres environnementaux. Ces variations sont *réversibles* et ne constituent donc pas un phénomène évolutif, mais seulement une adaptation fine à un milieu fluctuant. L'autre réaction des espèces aux changements continus de l'environnement est l'*évolution graduelle* dont *l'irréversibilité* en fait un phénomène évolutif.

Le modèle des équilibres ponctués doit donc être complété par cette composante de déséquilibre ignorée par ses auteurs pour former un *modèle des équilibres et déséquilibres ponctués*[126] (figure 3).

Quand Gould et Eldredge attribuent l'essentiel du changement morphologique aux phénomènes de spéciation et l'existence de stases généralisées chez les trilobites, les mollusques ou les foraminifères, c'est sans doute assez proche de la vérité. C'est-à-dire que le gradualisme n'y joue aucun rôle ou extrêmement minime. Mais dans d'autres groupes comme les rongeurs ou les ammonites, le gradualisme phylétique joue un rôle non négligeable. Par exemple, chez les rongeurs, le changement morphologique se fait, d'une part, au moment de la formation des espèces et, d'autre part, après la spéciation, l'évolution graduelle étant alors responsable de plus de la moitié du changement

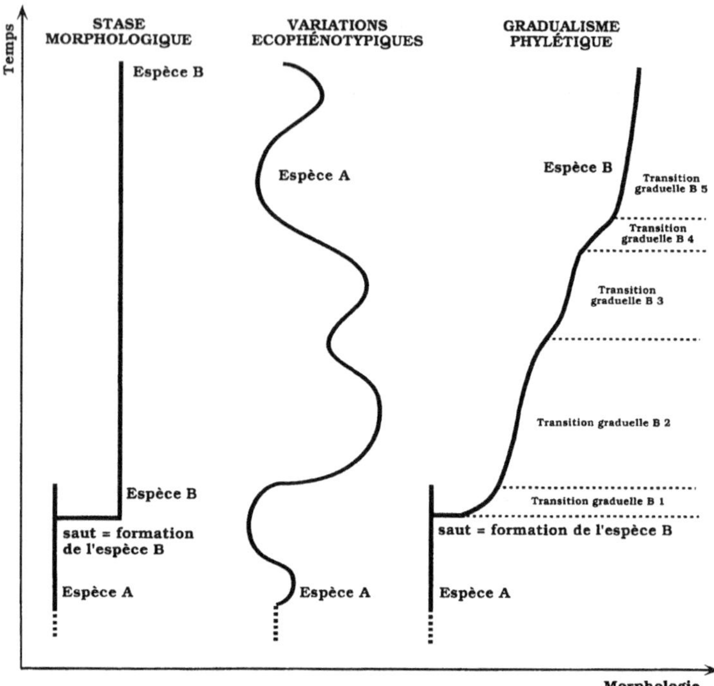

Figure 3. **Modèle des équilibres et déséquilibres ponctués.** L'évolution procède par sauts évolutifs qui aboutissent à de nouvelles espèces. Une fois formées, ces espèces peuvent soit évoluer par gradualisme phylétique irréversible, soit présenter des variations écophénotypiques réversibles, soit, enfin, rester en stase morphologique (d'après Chaline *et al.,* 1993[126]).

morphologique. En raison de l'importance du gradualisme, la stase joue un rôle mineur chez les rongeurs où elle touche moins de 30 % des espèces[125,126]. Précisons tout de suite que stase au niveau morphologique ne signifie pas stabilité aux autres niveaux d'organisation comme en témoignent de nombreux exemples de découplages. L'absence de changement morphologique peut en effet être compensée par une adaptation physiologique, écologique ou éthologique, comme le montre la différenciation de deux sous-espèces de rongeurs campagnols grégaires de Sibérie qui ont colonisé les terres septentrionales en modifiant leur comportement de reproduction, mais sans changer de morphologie[125]. Le reproche que l'on peut faire à Gould et Eldredge est d'avoir généralisé abusivement le modèle ponctué.

5.2.4. *L'évolution graduelle crée-t-elle de nouvelles espèces ?*

En effet, l'évolution graduelle existe bien et le paradoxe tient au fait qu'elle ne se manifeste pas à tous les niveaux d'organisation du vivant. Elle touche généralement quelques caractères limités et seulement au niveau de l'espèce, dans leurs extensions géographiques *(clines)* ou dans leurs dimensions temporelles *(chronomorphoclines)*. La raison en semble simple. C'est au niveau de l'interaction des organismes et de l'environnement que la sélection naturelle produit certaines adaptations morphologiques. L'évolution graduelle concerne en effet généralement un ou plusieurs caractères liés : par exemple, la morphologie dentaire chez les mammifères ou l'ornementation des coquilles d'ammonites y sont notamment très sensibles, mais ce n'est pas le cas pour les grands traits des plans d'organisation, beaucoup plus stables. Citons les spéciations éthologiques, par déplacement de périodes de chant chez les oiseaux. Par exemple, il semble que chez les oiseaux chanteurs comme les canaris, il y ait une régénération de neurones qui peut être liée à un isolement reproductif[127]. Rappelons également l'isolement éthologique associé aux changements morphologiques de la chaîne de sous-espèces circum-arctiques des goélands, dont les éléments extrêmes se comportent comme des espèces distinctes, alors que deux à deux les sous-espèces sont interfécondes[128]. Il faut prendre en compte également les problèmes de sélection sexuelle. Il a été montré que les signaux favorisés par la sélection sexuelle jouent un rôle important dans la reconnaissance des espèces, la formation des espèces et leur divergence [129-131].

L'évolution graduelle ne semble pas pouvoir donner naissance à une nouvelle espèce, même si les différences morphologiques enregistrées sont parfois supérieures à celles observées lors de l'apparition de véritables nouvelles espèces. En effet, seul un saut significatif, une discontinuité, à n'importe quel niveau d'organisation, peut introduire un *isolement reproductif* créateur d'une nouvelle *entité biologique* avec un nouveau patrimoine génétique. On a cru que le gradualisme pouvait donner naissance à une nouvelle espèce à l'époque où l'on pensait que les modifications morphologiques étaient obligatoirement liées linéairement à des changements génétiques de même ordre. On sait maintenant que l'apparition d'une nouvelle espèce implique une *discontinuité,* une *saltation* de plus ou moins grande ampleur, touchant soit les gènes (mutations), soit les chromosomes (remaniements variés, polyploïdie, etc.), alors que le gradualisme semble seulement intervenir au sein de l'espèce sous l'action de la sélection naturelle. Or, en conférant à l'évolution graduelle le pouvoir de formation de nouvelles espèces, on s'est manifestement trompé. La saltation créatrice d'espèce et le gradualisme adaptant l'espèce à un environnement changeant sont donc deux modalités majeures et complémentaires de l'évolution.

L'une des critiques les plus virulentes contre le stade *synthétique* de la théorie de l'évolution réside dans le rôle majeur attribué au hasard que nous allons discuter maintenant.

Chapitre 6
RECONSIDÉRATION DU RÔLE DU HASARD

La part attribuée au hasard dans l'évolution a été un facteur majeur de discussion et de critique de la théorie. Introduit par Darwin pour expliquer l'origine de la variabilité des espèces, il a été maintenu dans le stade *synthétique* des années 1940 où il tient une place prépondérante. Les biologistes Vandel et Grassé[132-134], quant à eux, refusèrent d'accréditer une telle place au hasard et donc aux mutations dans la théorie de l'évolution. La liaison linéaire gène-morphologie impliquant l'accumulation de multiples petites mutations apparues au hasard et triées toujours dans le même sens par la sélection naturelle leur paraissait incapable d'expliquer la formation d'un organe aussi complexe que l'œil. Nous verrons plus loin que cette critique perd son fondement avec la prise en compte des altérations du développement et des homéogènes.

6.1 – Le hasard des mutations

Cette question est toujours d'actualité. Rappelons tout d'abord la définition du hasard. Selon Cournot[135], c'est la *rencontre de deux séries causales indépendantes l'une de l'autre.* Il en est d'autres qui traduisent en fait l'état d'avancement très incomplet de la recherche.

La question qui se pose désormais est celle de la *part du hasard* au niveau des contraintes internes et externes de l'évolution. Nous examinerons d'abord son rôle dans les mécanismes biologiques de l'évolution.

Jacques Monod dans son essai *Le Hasard et la Nécessité*[136] attribue un rôle majeur au hasard qui touche le niveau des mutations : *Nous disons que ces altérations (mutations) sont accidentelles, qu'elles ont lieu au hasard. Et puisqu'elles constituent* la seule *source possible de modifications du texte génétique,* seul *dépositaire, à son tour des structures héréditaires de l'organisme, il s'ensuit nécessairement que le hasard* seul *est à la source de toute nouveauté, de toute création dans la biosphère. Le hasard pur, le seul hasard, liberté absolu mais aveugle, à la racine même du prodigieux édifice de l'évolution... Elle est* (cette notion) *la seule concevable, comme seule compatible avec les faits d'observation et d'expérience [...]. Tiré du règne du pur hasard* (l'accident de mutation), *il entre dans celui de la nécessité, des certitudes les plus implacables. Car c'est à l'échelle macroscopique, celle de l'organisme qu'opère la sélection.*

Monod avait raison et a toujours raison ; mais aujourd'hui on est en mesure de mieux préciser cette notion. En effet, nous avons vu que le hasard des mutations intervenait au niveau de la molécule d'ADN, en touchant les bases A-T-C-G au moment de la réplication. C'est-à-dire que tout n'est pas possible dans ces mutations ; elles sont fortement contraintes et limitées par la nature même de la structure de l'ADN. Le hasard des mutations possède donc un certain nombre de degrés de liberté, mais ils sont assez réduits. Cette place du hasard dans la théorie de l'évolution est toujours très âprement discutée[16,137].

6.2 – Le hasard dans les contraintes internes : les cinq loteries de l'évolution

Le hasard intervient à plusieurs niveaux d'organisation[22], à cinq reprises au moins pendant l'histoire d'un individu ; ce sont les *cinq loteries de l'évolution.*

La première loterie est celle de la formation des ovules et des spermatozoïdes, par séparation des chromosomes en deux lots.

La deuxième loterie se fait lors de la rencontre des partenaires sexuels, après confrontation éventuelle de plusieurs mâles prétendants qui éliminent les plus faibles ; c'est l'ensemble des modalités de la *sélection sexuelle*.

La troisième loterie de l'évolution intervient lors de la fécondation de l'ovule par un seul spermatozoïde sur plusieurs milliards, la recombinaison des caractères fixant le programme génétique de l'individu.

La quatrième loterie joue sur le programme génétique par les mutations qui peuvent l'affecter, comme le remplacement d'une des quatre bases par une autre, le décalage du cadre de lecture des séquences génétiques par addition ou délétion d'une base, avec toutes les conséquences en chaîne déjà évoquées au chapitre 3.

Enfin, la cinquième loterie est celle des circonstances de la vie au sein de la communauté qui font que l'individu arrive, ou non, à la maturité sexuelle.

6.3 – L'évolution est-elle déterministe ?

Des paléontologistes ont décrit un certain nombre de *lois de l'évolution* intitulées respectivement[22] :

– la *loi de l'évolution linéaire* ou *orthogenèse* de Theodor Eimer[138] (1897), une vue de l'esprit, jamais observée dans le détail, mais remise récemment au goût du jour par Chandebois[18]. L'orthogenèse, si elle existait, impliquerait une mécanique interne régulière indépendante de l'environnement sans laisser aucun rôle aux contraintes externes et à la sélection naturelle qui en résulte. Elle a cependant été appliquée chez les foraminifères[139] et a même permis à P. de Saint-Seine de prévoir les formes fossiles[140]. Nous avons déjà montré qu'il s'agissait des phénomènes de canalisation ;

— la *loi de complexité croissante* de Linné[77] et Lamarck[1], une tendance qui n'a rien d'absolu puisqu'on observe des réversions importantes chez les parasites, mais est globalement valable de la molécule aux mammifères ;

— la *loi de non-spécialisation* de Edward Copé[141] ou *loi de spécialisation* de Charles Depéret[142], remise en cause par les effets des altérations du développement qui peuvent inverser le phénomène ;

— la *loi d'accroissement de la taille* ou loi de Copé et Depéret, une tendance fréquemment observée dans les archives paléontologiques, mais qui peut s'inverser elle aussi par le biais des altérations du développement ;

— la *loi d'irréversibilité de l'évolution* de Louis Dollo[143], qui s'applique globalement, de façon statistique, puisqu'un ou deux caractères peuvent être complètement réversibles, mais non l'ensemble ;

— et enfin la *loi des relais*[142], qui correspond à un effet de perspective historique des expansions relatives de la biodiversité des divers groupes au cours du temps. Dans l'histoire géologique, les groupes semblent dominer successivement et se relayer, les poissons, puis les reptiles, puis les mammifères.

Il ne s'agit pas de lois au sens mathématique qui permettraient effectivement de prévoir un phénomène lorsqu'il répond à une fonction précise. Beaucoup de lois issues de l'observation ne sont en fait que des lois statistiques. Les *tendances de l'évolution* décrites plus haut dans les archives paléontologiques sont de ce type, car elles résultent de mécanismes de développement qui canalisent les changements évolutifs et donnent *a posteriori* un effet de direction.

6.4 – Existe-t-il une loi d'extinction des espèces ?

Le problème des extinctions d'espèces intéresse depuis fort longtemps les paléontologistes. Ceux-ci ont réalisé des bases de données en domaine marin et continental et ont tenté de trouver des lois statistiques dans les variations de la biosphère. Deux hypothèses ont été proposées.

La première hypothèse émise par Van Valen[144] est celle de la *Reine rouge*. Elle concerne la *coévolution* des communautés, suggérant que si une espèce évolue, elle impose obligatoirement aux autres d'évoluer. Cette idée et sa formulation font allusion au célèbre livre de Lewis Carroll *De l'autre côté du miroir* racontant les aventures d'*Alice au pays des merveilles* où la Reine rouge clame *qu'il faut courir pour rester sur place*. Autrement dit, les espèces sont condamnées à évoluer pour rester en place au sein des communautés d'espèces, sous peine d'être éliminées par la compétition des autres espèces. La conséquence en est que chaque espèce, ou genre, a les mêmes chances théoriques de survie. C'est-à-dire qu'à l'échelle géologique, quel que soit l'environnement, le taux d'extinction doit être constant au cours du temps.

Une hypothèse opposée a été proposée par Stenseth et Maynard-Smith[145], celle du *modèle stationnaire*. Ce modèle relie l'évolution aux seuls changements physiques de l'environnement ; c'est-à-dire que dans un environnement stable, le taux d'extinction doit être nul. Des tests réalisés sur le plancton des sondages océaniques ont montré que les deux modèles coexistaient[146,147]. En fait, la situation est sans doute plus complexe et c'est un nouveau secteur de recherche très prometteur qui s'ouvre actuellement, celui des *structures fractales biologiques*.

6.5 – L'évolution biologique serait-elle contrôlée par des lois mathématiques résultant d'une structuration fractale ?

Beaucoup de phénomènes biologiques sont déterministes[148], mais ils sont si nombreux et interfèrent entre eux d'une façon si complexe qu'ils donnent plutôt une apparence de *chaos*. On découvre actuellement que de nombreux phénomènes que l'on croyaient aléatoires répondent en fait d'un déterminisme complexe de *loi en puissance* liée à l'existence de *structures biologiques fractales*[148-155].

La classification biologique, dont nous avons parlé dans le chapitre 4 sur la systématique, a effectivement une structure fractale du fait de la hiérarchisation des taxons[149] qui reflète l'arbre phylogénétique du vivant*. La phylogénie apparaît donc comme une *structure auto-similaire,* c'est-à-dire une structure qui se retrouve identique à toutes les échelles d'analyse. Or cette structure a été retrouvée dans les radiations[150,151].

Un test récent a été réalisé chez les rongeurs campagnols[150] du Quaternaire, afin de voir si les apparitions et extinctions d'espèces relevaient de phénomènes aléatoires ou d'une structuration fractale ? Après avoir testé deux modèles de répartitions aléatoires qui ont montré leur inadéquation, la méthode de la poussière de Cantor** a été utilisée pour déceler les structures fractales éventuelles. On a ainsi pu montrer que les apparitions et les extinctions d'espèces ne se font pas au hasard, mais suivent des lois en puissance[150] qu'il faut maintenant identifier. Les tests ont ainsi révélé que les apparitions d'espèces étaient moins déterministes que les extinctions.

---

* Avec Laurent Nottale et Pierre Grou, nous travaillons actuellement sur ce problème d'identification de la loi mathématique fractale de l'arbre du vivant.

** Cette méthode consiste à découper un segment en trois parties dont on fait disparaître la partie médiane (1-0-3). En poursuivant ce découpage de façon itérative sur les segments restants, on constitue une structure fractale qui répète le même motif à toutes les échelles (structure auto-similaire) et on arrive à une répartition de points selon la logique du départ (1-0-3) ; une véritable poussière, la poussière de Cantor. On compare ensuite la répartition des apparitions et extinctions d'espèces observée dans les archives paléontologiques à cette poussière théorique, afin d'identifier une éventuelle structure fractale.

Des travaux publiés [151-153] et inédits sur les taux d'apparition et d'extinction d'espèces chez les invertébrés marins [151] et les foraminifères crétacés [152] ont confirmé les résultats obtenus chez les rongeurs. Analysés à grande échelle [153], on peut dire que la réponse de la biosphère aux perturbations extérieures est de type non linéaire et expliquerait la distribution des événements d'extinction.

Ces résultats préliminaires suggèrent que la hiérarchisation du vivant, depuis les bases qui constituent l'ADN jusqu'à la biosphère, engendre des structures fractales et que les apparitions et extinctions des espèces et des écosystèmes sont régies par des lois en puissance du domaine du non-linéaire. Leur existence ne signifie absolument pas que le monde vivant est finalisé ; il s'agit de lois du hasard. Le développement de ce domaine implique alors la prise en compte de tous les facteurs *biotiques* et *abiotiques* [155].

Les contraintes internes du vivant, notamment les structures biologiques fractales ne sont pas les seules qui introduisent du hasard dans l'évolution, il faut y ajouter les contraintes externes ou *abiotiques* qui agissent non plus directement sur la formation des individus, mais indirectement sur la vie des individus, des populations, des espèces, des communautés et de la biosphère en général. Examinons ces facteurs externes et leur impact sur l'évolution.

Chapitre 7

LE HASARD EVÉNEMENTIEL
ET LA CONTINGENCE

Parmi les facteurs qui peuvent intervenir dans l'évolution des espèces et des communautés, il faut prendre en compte la part qui revient à l'histoire de la terre. Les facteurs géologiques, qui constituent une série causale indépendante et extérieure à celle de l'histoire de la vie, interviennent à toutes les échelles, pour contraindre l'évolution des organismes soit passivement en déterminant contacts ou isolements géographiques, soit activement en fonction des conditions environnementales.

7.1 – Biosphère, disparité, biodiversité et décimation : le bonsaï de l'arbre de la vie

Comme Gould[77,95] l'a montré, l'arbre de la vie n'est pas un arbre à développement buissonnant. Les faunes d'Ediacara en Australie (datées de 700 millions d'années) renferment trente et une espèces, vingt et un genres (méduses, vers, arthropodes primitifs, trilobites…), mais une autre faune, celle de Burgess (datée de 500 millions d'années), montre une multiplication considérable du nombre des plans d'organisation (*radiation* ou *hiérarchisation ascendante de la systématique*), dont au moins une vingtaine n'existe plus actuellement. Ce phénomène d'augmentation du nombre de plans d'organisation au Cambrien que Gould appelle la *disparité* a été suivi d'un épisode de *décimation*, l'extinction en masse de la plupart des plans d'organisation qui daterait de la fin du Cambrien. Le sécateur implacable des circonstances événementielles, de la *sélection naturelle,* a donc taillé un *bonsaï de l'arbre de la vie* (figure 4).

Toute l'histoire de la vie se déroule ensuite comme une exploitation des plans d'organisation qui ont survécu grâce à leur diversification buissonnante par une multiplication considérable du nombre des espèces exprimant la biodiversité de la biosphère. On entre alors à l'intérieur de chaque plan d'organisation dans une *hiérarchisation de plus en plus descendante* de la systématique du vivant : classe, ordre, sous-ordre, famille, sous-famille, genre, espèce, sous-espèce.

Contrairement à l'idée habituelle qui place les vertébrés au centre de l'évolution des espèces, Gould[77] a justement souligné que le mode central de répartition de la biodiversité était celui des bactéries diversifiées en plus d'un million d'espèces et en milliards de milliards d'individus, organismes qui, par leur association en symbiose avec les arthropodes et les vertébrés, leur permettent de survivre en les aidant notamment dans la digestion. On peut peut-être rectifier la courbe de Gould (voir figure *1b*, p. 64) en faisant apparaître la biodiversité des arthropodes riches également de plus d'un million d'espèces qui abondent en milliards d'individus. Mais les vertébrés avec leur complexité maximale atteinte dans le monde vivant actuel ne représentent que l'extrémité droite et basse de la courbe de la biodiversité. La figure *1b* montre que la complexité varie globalement à l'inverse de la diversité et de l'abondance.

Cette *radiation* est coupée par six grandes phases de *décimation* aveugle. Ces *extinctions en masse,* notamment en milieu marin, ont été mises en évidence par Newell[156], à la fin des étages Cambrien, Ordovicien, Dévonien, Permien, Trias et Maestrichtien à la fin du Crétacé. Par chance, le plan d'organisation de *Pikaia,* l'ancêtre cordé des vertébrés, a échappé à cette décimation[95]; autrement, nous ne serions pas là pour en discuter.

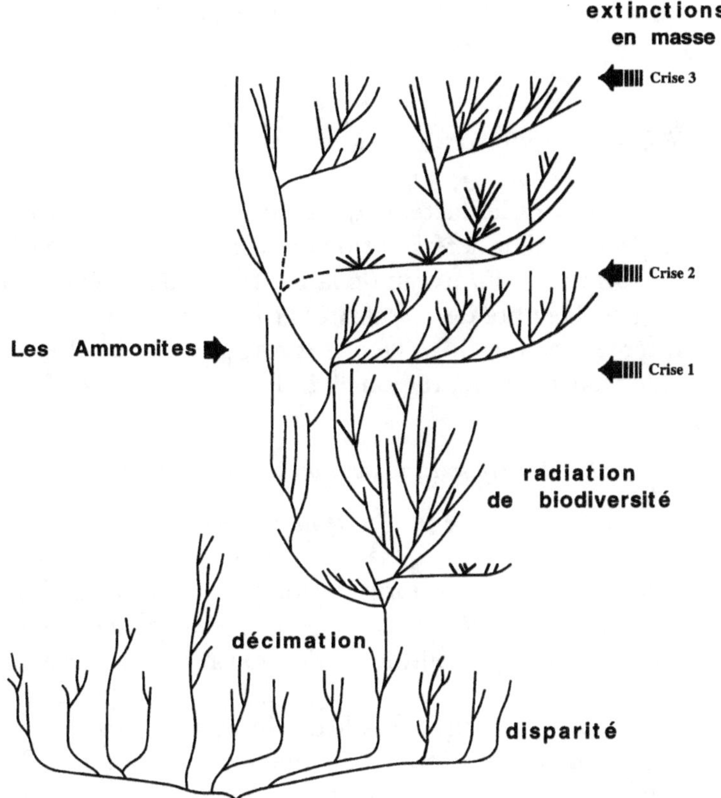

Figure 4. Disparité, décimation et radiation de l'arbre de la vie.
Une phase de diversification des plans d'organisation (disparité) précède les phases de décimation (ou extinction). Les plans d'organisation qui ont échappé à la décimation précoce de la fin du
Cambrien (cordés, etc.) ont présenté des phases de radiation coupées par de grandes phases d'extinction en masse. La radiation des
ammonites apparues à partir de formes droites comme les Bactrites
à la fin du Silurien est présentée ici. Une radiation au Dévonien
donne naissance aux Anarcestinés et aux Clyménies, puis au Carbonifère aux Goniatites. Une première grande crise (crise 1) marque
la fin du Permien suivie par la radiation des Cératites au Trias.
Une seconde crise (crise 2) à la fin du Trias précède la radiation des Phyllocératidés, des Lytocératidés et des Ammonitinés. La
crise 3 à la fin du Crétacé entraîne la disparition des ammonites
(d'après Gould, 1991[95], complété par Tintant, 1985. In : Devillers
et Chaline, 1989[22]).

7.2 – Les facteurs géologiques

Quels sont les facteurs qui contraignent la vie ? Ce sont respectivement la répartition des continents et des océans, les variations du niveau de la mer, les phénomènes volcaniques, la chute de météorites et les climats. Ces facteurs interdépendants interviennent à toutes les échelles, globale, continentale, régionale et locale.

7.2.1 – *La répartition des continents et des mers*

L'élaboration de la *théorie de la dérive des continents* par Alfred Wegener[157] s'était appuyée sur des arguments paléontologiques. Sa formulation par Xavier Le Pichon[158] sous le nom de *théorie de la tectonique des plaques* a donné l'occasion à la paléontologie de montrer sa valeur comme test des hypothèses géophysiques. Par exemple, la découverte d'une grenouille fossile d'origine nord-asiatique dans les sédiments de l'Inde, alors que cette grande île qui est venue emboutir la plaque asiatique était censée se trouver à plusieurs milliers de kilomètres de la plaque asiatique, implique une révision des modèles géophysiques ; les grenouilles ne sautent pas si loin !

Les comparaisons des données géophysiques et paléontologiques ont donc permis de tester les reconstitutions des étapes de l'histoire des plaques et en retour de mieux comprendre le rôle joué par l'histoire des continents et océans de la Terre dans l'évolution des organismes. Les événements de la tectonique des plaques ont entraîné la pulvérisation des communautés homogènes de vertébrés en plusieurs sous-ensembles fauniques qui, séparés géographiquement, ont évolué ensuite indépendamment[159,160]. C'est le cas très spectaculaire de l'éclatement du super-continent de Gondwana au sud qui a abouti à la séparation des divers groupes de dinosaures, en groupes sud-américain, africain, voire de Madagascar et indien, où ils ont survécu de façon endémique après la cassure. C'est encore la communication qui s'est installée entre l'Amérique du Nord et l'Amérique du Sud à la fin du Tertiaire par la formation de l'isthme de Panama qui a mélangé des faunes des deux anciens continents et entraîné la disparition rapide de la plupart des marsupiaux sud-américains, moins compétitifs que les mammifères nord-américains.

La présence des barrières maritimes influe directement sur la distribution géographique des organismes marins qui vivent en milieu peu profond. La présence d'une terre émergée représente naturellement une barrière infranchissable pour ces animaux, mais l'extension d'une zone d'eau profonde entre deux régions peu profondes joue le même rôle. C'est ainsi que des mollusques, oursins, coraux, vivant de part et d'autre des rives d'un océan sont souvent différents. En effet, les extensions des espèces benthiques se font par leurs larves planctoniques qui se laissent entraîner par les courants, et la brièveté de cette vie larvaire est souvent insuffisante pour leur permettre de traverser l'océan. Les zones océaniques sont donc des barrières qui entravent les migrations des invertébrés benthiques et des vertébrés. Cependant, pour certains mollusques et coraux tropicaux qui se retrouvent très largement répandus dans le monde, il est possible que cette extension soit le résultat d'un allongement de la durée de la phase larvaire, c'est-à-dire du recul de la maturité sexuelle. Reprenons l'exemple de l'isthme de Panama. S'il a permis de mettre en contact les faunes terrestres des deux Amériques, il a eu comme conséquence d'empêcher toute communication entre les faunes marines du Pacifique et de l'Atlantique. Coupant en deux les faunes d'invertébrés et de mammifères marins, il a isolé deux provinces maritimes dans lesquelles la faune était initialement homogène. L'apparition de cette barrière a provoqué une divergence parmi les porcelaines, les strombes et les arques ; les espèces sont maintenant différentes des deux côtés de l'isthme.

L'histoire de la Terre a donc fortement conditionné et contraint, mais de façon indirecte, on peut même dire passive, l'évolution des organismes.

7.2.2 – *Les variations du niveau des mers*

Il faut ajouter à ces contraintes passives les variations d'extension et d'épaisseur des océans, les transgressions et les régressions auxquelles sont particulièrement sensibles les faunes benthiques qui vivent sous des tranches d'eau peu épaisses. Les mouvements de transgression et de régression sont liés non seulement aux fluctuations du récipient, mais aussi à l'apport en sédiments. Les mouvements de la mer résultant de phases de glaciation interviennent également ; c'est ce que l'on appelle le *glacio-eustatisme*. L'eau stockée sur les continents pendant les phases glaciaires fait baisser le niveau des mers (120 m lors de la dernière glaciation) et, lors des phases de déglaciation, le niveau de la mer remonte plus ou moins rapidement. Les variations eustatiques du niveau des mers font l'objet actuellement d'un renouveau d'étude dans le cadre de la stratigraphie séquentielle. Globalement, l'augmentation du taux de renouvellement des espèces est liée à la remontée générale du niveau marin. Les variations du niveau marin permettent, dans certains cas, la colonisation répétée des domaines de plates-formes par des faunes originaires du domaine distal qui créent de façon itérative des formes nouvelles s'adaptant grâce aux altérations chronologiques du développement (passage de la vie libre sur le fond à un mode de vie fixée)[102]. La qualité des eaux océaniques, notamment la teneur en oxygène des eaux sur le fond[161], est un autre facteur qui conditionne la survie des organismes.

Le plus grand événement d'extinction massive est sans aucun doute celui de la fin du Permien[162]. Il correspond à une chute importante du niveau marin évaluée à 280 m. L'extinction a été drastique, puisque 96 % des espèces marines ont disparu, soit une réduction d'environ 240 000 à 9 600 espèces... Les invertébrés marins ont bien failli disparaître !

L'anéantissement massif de la fin du Crétacé est le plus célèbre, le plus étudié, mais il est encore très mal compris[163]. A la fin du Crétacé, il y a eu disparition de 11 % des familles animales comprenant les ammonites, bélemnites, inocérames, des bryozoaires, des brachiopodes, les dinosaures, les reptiles marins (plésiosaures) et les rudistes, de 50 % des genres et de 75 % des espèces pendant le Maastrichtien (92 % des foraminifères planctoniques, 85 % des radiolaires, 73 % des coccolithes et 23 % des diatomées). Mais cette disparition s'étale en fait pour certains groupes sur plusieurs millions d'années. Certains dinosaures disparaissent à fin du Jurassique. Les ichthyosaures s'éteignent au Crétacé moyen et les ammonites bien avant la fin du Crétacé. Cette extinction en masse a fait l'objet de multiples hypothèses quant à son origine, parmi lesquelles les plus sérieuses sont la très grande régression de la fin du Crétacé[164], un refroidissement climatique, l'action du volcanisme comme élément achevant un phénomène déjà en cours depuis plusieurs millions d'années et, finalement, la chute d'une météorite, que nous évoquerons plus loin.

Les contraintes du cadre géographique mobile et des fluctuations du niveau marin apparaissent donc comme une forme de hasard événementiel, totalement étrangères à la vie, qui introduisent la contingence dans son évolution. Ces contraintes jouent un rôle passif de type purement mécanique.

7.2.3 – *Les circulations océaniques et les climats*

L'eau, grâce à sa grande inertie thermique et à sa haute chaleur de vaporisation, est un puissant agent de stockage et de transport de l'énergie thermique. Les courants océaniques, superficiels et profonds, dus aux vents, aux différences de température ou de densité, jouent un rôle important d'échange entre les hautes et les basses latitudes, entre les eaux de fond et la surface, à condition que la forme du récipient océanique et les obstacles continentaux ou volcaniques le permettent. En outre, par sa surface, l'océan échange la chaleur avec l'atmosphère déterminant les climats. C'est pourquoi le climat peut être considéré comme un facteur géologique. Ainsi, au Crétacé, la Téthys, ouverte de bout en bout entre les blocs américano-eurasien au nord et gondwanien au sud (en voie de dislocation l'un et l'autre) et située dans les basses latitudes, a dû permettre l'établissement d'un courant superficiel chaud circumterrestre, ce qui n'est plus possible aujourd'hui. Ce fut un élément favorable à la diffusion des populations de grands foraminifères (Orbitolinidés) et de rudistes (Lamellibranches). Ce fut un facteur de stabilité climatique, rendant les climats assez uniformément chauds[165]. Inversement, aujourd'hui dans l'Atlantique, les circulations d'eaux froides d'origine polaire se font vers les basses latitudes, surtout en profondeur, avec des remontées d'eaux froides *(upwellings)* corrélatives. Ces circulations d'eaux froides n'ont été possibles qu'à partir du moment où le nord de l'Atlantique a été ouvert entre le Groenland et la Norvège et s'est trouvé en communication avec l'océan Arctique au début du Tertiaire. Dans l'hémisphère Sud, les remontées d'eaux froides antarctiques déterminent les déserts littoraux comme ceux aujourd'hui de Mauritanie ou du Namib et l'absence de formations carbonatées. Les conséquences immédiates de cette ouverture auraient même été plus dramatiques. L'océan Arctique aurait été pratiquement encerclé de terres à la fin du Crétacé et aurait alors connu une dessalure importante par les apports d'eau douce. Ces eaux se seraient ensuite trouvées brutalement injectées à la surface de l'océan mondial au moment de l'ouverture du passage entre le Groenland et la Norvège. Une couche dessalée aurait occupé les 150 m superficiels des océans, bouleversant les populations planctoniques, perturbant le climat et provoquant ainsi, avec un certain décalage, la disparition de nombreux organismes terrestres[165]. C'est une autre hypothèse avancée pour expliquer l'extinction de nombreuses espèces et le renouvellement des faunes à la limite Crétacé-Tertaire. Si elle n'est pas encore suffisamment vérifiée, elle montre au moins une nouvelle liaison possible entre la tectonique des plaques, le climat et l'évolution.

7.2.4 – *Climats continentaux et extinctions*

Les climats influent indirectement sur les fluctuations du niveau des mers lorsque les glaciers continentaux polaires se développent, c'est le *glacio-eustatisme* qui entraîne des pulsations du niveau des mers. De ce fait, les climats ont été mis en cause directement pour expliquer les extinctions [162-163].

Des glaciers ont dû toujours persister sur la planète, comme le suggèrent les blocs exotiques transportés par les glaces *(ice-rafting)*, même au cours du Crétacé pourtant réputé pour son climat chaud. En revanche, la grande extinction de la fin du Permien aurait été contemporaine du réchauffement qui a suivi la disparition des glaciers gondwaniens. Il ne faut donc pas généraliser. Si l'extinction de la fin de l'Ordovicien et celle de la fin du Carbonifère inférieur peuvent être mises en relation avec le développement d'énormes glaciers continentaux, c'est surtout par leurs conséquences régressives dues à la baisse du niveau de la mer, qu'ils ont dû intervenir. A cette époque, la formation de l'énorme continent de la Pangée a dû créer un effet de masse continentale favorable aux phénomènes glaciaires.

Les phénomènes glaciaires se développent lorsque des continents se trouvent à proximité des pôles. Ils ont commencé au Tertiaire supérieur avec la fermeture de l'isthme de Panama (au Pliocène supérieur) et l'ouverture du détroit de Béring et ont été favorisés par la montée de hautes montagnes (Rocheuses, Andes, Alpes, Himalaya, plateau tibétain) qui constituent des barrières aux circulations atmosphériques. Ces conditions de surface sont couplées avec les trois grands paramètres cosmiques qui déterminent le climat[166]. Le premier, c'est l'excentricité de l'orbite elliptique de la terre autour du soleil, une ellipse qui tourne lentement avec une périodicité de 92 000 ans. Le deuxième correspond à l'inclinaison de l'axe de la terre qui détermine les saisons et varie avec une périodicité de 41 000 ans. Enfin, le troisième est celui de la précession des équinoxes qui résulte du fait que la terre n'est pas parfaitement sphérique. Son axe subit une rotation selon deux cycles principaux dont les périodicités sont respectivement de 23 000 et 19 000 ans. Ces interférences de paramètres ont enclenché une série de fluctuations cycliques glaciaires et interglaciaires qui se succèdent à peu près tous les 100 000 ans depuis au moins 700 000 ans. Elles ont eu des conséquences importantes sur l'évolution des organismes.

Le rôle joué par le climat sur les associations végétales est un phénomène évident. Pour s'en convaincre, il suffit de regarder un diagramme pollinique qui montre les successions d'associations végétales au gré des changements climatiques. Selon le climat qui fait varier la température, les constitutions isotopiques des coquilles des invertébrés sont modifiées. C'est la raison pour laquelle les tests des foraminifères peuvent être utilisés pour évaluer par le rapport $^{18}O/^{16}O$, les paléotempératures. Les changements de climats influent sur l'évolution des lignées de vertébrés et d'invertébrés. Chez les vertébrés, par exemple, l'abondance des fossiles de campagnols plio-pléistocènes a permis de démontrer l'existence d'une évolution graduelle contemporaine des premières phases glaciaires-interglaciaires. Lorsqu'on compare changements climatiques et morphologiques, les climats paraissent fonctionner comme de véritables *stimuli* qui changent les taux d'évolution et enclenchent des changements morphologiques par le biais des altérations du développement. De plus, on constate que les réactions à une phase froide de même ampleur peuvent être très différentes et qu'enfin les mêmes modifications morphologiques peuvent être déclenchées par des phases chaudes ou des phases froides[167].

Le climat joue aussi un très grand rôle dans l'évolution des communautés. On constate en effet que les disparitions d'espèces se font surtout pendant les phases de réchauffement, et non pendant les phases froides, comme on pourrait le penser. D'ailleurs, la plus grande extinction du Quaternaire s'est déroulée il y a 10 000 ans au début de l'Holocène avec le réchauffement post-glaciaire. Elle a concerné la disparition d'au moins deux cents genres de mammifères dans le monde, la plupart d'entre eux n'ayant pas été remplacés. On sait que l'Amérique du Nord a été couverte par un inlandsis séparant l'Alaska des grandes plaines, la Sibérie communiquant avec l'Alaska par un pont terrestre large de 1 500 km, dû à une baisse des océans de l'ordre de 100 m[168]. Au sud de cet inlandsis, la distribution des mammifères correspondait à plusieurs communautés animales et végétales (biomes ou provinces fauniques). Les biomes n'ont pas répondu aux changements de l'environnement comme des unités immuables, mais chaque espèce a réagi indépendamment, en fonction de ses propres limites de tolérance climatique, physique et biologique[169]. Les communautés pléistocènes étaient constituées d'un mélange d'espèces qui ne sont plus associées écologiquement aujourd'hui. Il n'y a plus d'analogues de ces communautés mélangées, beaucoup plus diversifiées que les faunes actuelles, en raison sûrement du plus grand nombre de niches écologiques existantes, dans un environnement également moins homogène. Le climat plus continental de l'Holocène qui a succédé à la dernière glaciation a provoqué une réduction de la diversité de la plupart des communautés. Ce phénomène est interprété comme le résultat d'une diminution de la saisonnalité lors de la dernière glaciation, c'est-à-dire d'une réduction des écarts existants entre les saisons, notamment hiver-été. Cette homogénéisation climatique s'est traduite par une réduction des températures moyennes d'été et une élévation des températures moyennes d'hiver, et a permis la création de communautés de grande hétérogénéité. L'accroissement de la saisonnalité, des différences entre les saisons entre 12 000 et 8 000 B.P., a détruit les communautés biologiques pléistocènes pour former les communautés actuelles. Le mécanisme d'extinction serait donc climatique. En causant la disparition des communautés végétales indispensables à la survie des animaux (perte de source saisonnière de nourriture, perte de proies, changement de la chronologie favorable à la reproduction, perte de sites de nidification), le climat a entraîné l'extinction des espèces placées sous la dépendance de ces facteurs.

7.2.5 – *Activité volcanique et extinction*

La limite Crétacé-Tertiaire est marquée par une très grande phase de volcanisme. C'est à cette époque que se mettent en place les épaisses couches de basalte des trapps du Dekkan. Les volcans, d'après V. Courtillot[170], projetaient dans la stratosphère des quantités d'aérosols, chargés d'iridium et des sulfates qui auraient entraîné la disparition du plancton et de ses consommateurs, et provoqué le désastre écologique des plantes terrestres dévastées par les pluies acides. Les projections volcaniques auraient pu obscurcir la luminosité et refroidir le climat. Les violentes manifestations volcaniques à la fin du Permien qui succèdent à de longues périodes de stabilité géomagnétique pourraient avoir concouru, avec la régression marine, à l'extinction en masse reconnue à cette époque.

7.3 – Les facteurs géologiques extraterrestres

Aux contraintes physiques terrestres précédentes, il faut ajouter les contraintes provenant des événements extra-terrestres. On fait allusion ici à la chute des météorites, qui auraient pu, au moins à la limite Crétacé-Tertiaire, participer à l'extinction en masse qui caractérise cette courte période [171,172] ; une extinction relativement modeste par rapport à celle de la fin du Permien.

Selon la théorie d'Alvarez, un astéroïde serait tombé sur la terre dans une région localisée semble-t-il au nord de la presqu'île du Yucatan (Mexique). L'impact de 200 km de diamètre et daté de 64,98 millions d'années cor-respondrait au cratère sous-marin de Chixculub. Certains indices appuieraient cette thèse : l'existence de micro-sphérules ressemblant à des micrométéorites, le dépôt d'une couche d'argile rouge attribuée à la chute du nuage de poussières et la présence de petits cristaux de quartz dits *choqués* par l'impact de la comète. La pollution en iridium aurait entraîné la disparition du plancton et des espèces qui s'en nourrissaient. La poussière soulevée aurait déclenché un phénomène global du type hiver nucléaire accompagné d'un refroidissement provoquant la disparition de certaines plantes et d'un grand nombre de groupes animaux, dont les plus connus sont les dinosaures.

Mais le rôle d'une telle météorite dans l'extinction en masse est vivement contestée par des paléontologistes[164,173] qui ont constaté depuis longtemps que l'extinction des dinosaures, en particulier, était un phénomène déjà commencé depuis plusieurs millions d'années, sans l'intervention de météorites. Que la chute de cette météorite, si elle est confirmée, ait amplifié un phénomène déjà en cours n'est pas impossible, mais d'autres facteurs ont sans doute concouru à l'extinction en masse de la limite Crétacé-Tertiaire. Il serait souhaitable que les géophysiciens, si rigoureux habituellement dans leur discipline, adoptent les mêmes critères de rigueur lorsqu'ils proposent des hypothèses qui s'appliquent à d'autres domaines scientifiques que le leur. En l'occurrence, il conviendrait qu'ils prennent absolument en compte dans leurs modèles toutes les données paléontologiques, en particulier les dates réelles d'extinctions connues des divers groupes. L'un des plus forts arguments anticomète est celui de la *survie différentielle* de nombreux groupes fragiles. Il faudra que les géophysiciens nous expliquent comment les premiers mammifères, les crocodiles, les tortues et les oiseaux – pourtant étroitement apparentés aux dinosaures – qui constituent notre biosphère actuelle, ont apparemment supporté et survécu sans problème à cette crise. Les poissons qui fréquentent le milieu où a eu lieu la chute théorique de la météorite ont également bien survécu, malgré une descente du niveau des mers[173]. Le développement d'un climat plus continental et froid a pu jouer un rôle dans la disparition des dinosaures dont on retrouve les œufs non éclos dans le désert de Gobi, dans le sud de la France et en Espagne. Il faut savoir en effet que la température règle parfois le rapport mâles/femelles (sex-ratio) des *reptiles*. Chez les tortues, par exemple, Pieau a pu montrer qu'entre 30° et 36° il n'éclot que des femelles et qu'entre 24° et 28° les individus éclos sont tous mâles ; ce qui est gênant pour la reproduction sexuée. Seule l'incubation entre 28° et 30° donne les deux sexes.

Cette hypothèse de refroidissement climatique a l'avantage d'expliquer la survie différentielle des oiseaux et des mammifères, animaux homéothermes moins sensibles aux fluctuations climatiques, en particulier aux refroidissements.

7.4 – Les facteurs anthropiques

L'homme qui maîtrise de plus en plus son environnement agit de façon plus ou moins directe sur la biosphère. Ses gigantesques travaux de déforestation suppriment une multitude de niches écologiques qui ont comme conséquence directe la disparition des espèces très inféodées à ces niches. On estime actuellement qu'une espèce disparaît toutes les heures... ce qui est considérable et affolant. Les spécialistes de nombreux pays font actuellement l'inventaire des faunes et des flores. Il ne s'agit pas là d'une réelle volonté de protection de la nature, mais plutôt d'intérêts financiers potentiels d'industriels qui cherchent à identifier, notamment chez les végétaux, les molécules qui demain pourraient permettre de fabriquer de nouveaux médicaments avant que ces plantes aient disparu !

Le développement des cultures et des pesticides a montré aussi ses effets pervers avec la coupure des chaînes alimentaires qui ont des conséquences imprévisibles et souvent néfastes pour l'homme. Citons aussi les excès d'emploi des antibiotiques qui entraînent le développement de souches microbiennes et bactériennes très résistantes et que nous ne pourrons peut-être plus maîtriser dans un proche avenir. Quant aux excès de la pêche en milieu marin et fluviatile, ils contribuent à appauvrir la biosphère.

Le bilan de l'action anthropique est actuellement impossible à faire, mais il contribue de façon très importante au changement de notre biosphère et en particulier au recul du domaine naturel. Les conséquences en sont imprévisibles.

7.5 – Le hasard événementiel et la contingence de l'évolution

On peut donc dire que l'environnement géologique, par le biais de la tectonique des plaques, des variations du niveau marin et des changements de climat, est l'un des facteurs déterminants de l'évolution de la biosphère. Ces facteurs géologiques totalement indépendants des contraintes internes de l'évolution constituent autant d'événements aléatoires qui introduisent le *hasard événementiel*[174] et donc la *contingence* dans l'évolution des organismes[95]. C'est l'une des caractéristiques de la théorie de l'évolution de ne pas répondre à une loi simple comme en physique et de permettre la prédiction, comme l'aurait souhaité Karl Popper[175]. Ce n'est pas un argument pour affirmer, comme il l'a fait à tort, que la théorie de l'évolution n'est pas une théorie scientifique. En fait, les nouvelles données paléontologiques suggèrent qu'elles pourraient répondre à des lois non linéaires du hasard en raison des très nombreuses interactions entre les contraintes internes du vivant et les contraintes externes de l'environnement.

L'évolution des organismes est une histoire jalonnée par des événements qui ne se répètent jamais de la même manière et qui font de l'évolution un phénomène historique irréversible, qui porte la marque du temps. L'événementiel et la contingence empêchent toute prévision précise pour l'avenir de la biosphère : qui pourrait prédire ce que seront les positions des plaques dans cinquante ou cent millions d'années ! On sait seulement qu'elles continueront leur mouvement.

Revenons aux contraintes internes du vivant en examinant les données révolutionnaires de la *biologie du développement*.

Chapitre 8

LES DÉRÈGLEMENTS DU DÉVELOPPEMENT
Les horloges du vivant

Bien que rapprochée de l'évolution en 1902 par Baldwin[176], l'embryologie est restée extérieure à la génétique qui commande le mouvement de rénovation de la théorie de l'évolution et c'est la raison majeure pour laquelle elle ne sera pas intégrée au stade *synthétique*. Le seul qui y fasse quelque allusion est Huxley[10] dans *Evolution, The Modern Synthesis* en 1942. On peut donc dire que le développement, ce que les scientifiques appellent l'*ontogenèse,* est le grand oubli de ce stade de la théorie, qualifiée à tort de *synthétique,* et cette absence est sa plus grande faiblesse[22]. Comment une théorie, qui se voulait *synthétique* a-t-elle pu ignorer le lien entre le programme génétique *(génotype)* de l'œuf et l'organisme adulte réalisé *(phénotype)*[177-180], c'est-à-dire la passerelle entre la génétique et la paléontologie ? Les généticiens, les paléontologistes et les embryologistes n'avaient pas pris conscience de la place de choix qu'occupait l'embryologie malgré le livre publié par de Beer[181] en 1940. On doit à Conrad Waddington[182] d'avoir intégré la génétique au développement où les mutations remplacent avantageusement le scalpel de Roux ; mais son ouvrage pourtant contemporain ne sera malheureusement pas considéré dans la synthèse.

8.1 – Le développement standard

Le développement d'un organisme correspond à la mise en œuvre de règles de construction dirigées par des instructions codées dans la séquence du programme génétique de l'œuf[22].

A titre d'exemple, nous prendrons le cas d'un œuf de grenouille, le *Xenopus,* typique de celui de tous les amphibiens. Les embryons des autres plans d'organisation se développent d'une façon homologue, mais avec de nombreuses modulations spécifiques, selon qu'ils sont ovipares ou vivipares. Le développement du *Xenopus* est marqué par une succession d'événements qui se conditionnent les uns les autres, dans la mesure où l'achèvement d'un stade enclenche le stade suivant.

Tout animal commence par une cellule unique, l'œuf. Le premier événement chez les organismes à reproduction sexuée consiste dans la fécondation de l'œuf, qui permet au matériel génétique d'associer le programme paternel des gamètes mâles au programme maternel des gamètes femelles. Chez les organismes pluricellulaires, la formation du corps, la *morphogenèse,* implique de très nombreuses divisions cellulaires, des milliards chez les vertébrés, se faisant dans un ordre assez strict.

L'œuf fécondé est une cellule dont la partie supérieure est colorée et la partie inférieure, plus claire, est chargée de grains alimentaires, le *vitellus.* On distingue une différence entre le développement des invertébrés où les divisions se font selon un mode spiral en diagonale (Protostomiens), alors que chez les vertébrés comme la grenouille, elles se font de façon radiale (Deutérostomiens).

L'œuf garde sa taille initiale malgré les nombreuses divisions qui l'affectent. Les deux premières divisions segmentent l'œuf en quatre tranches verticales formant les 4 premières cellules. Puis la troisième division se fait dans le sens transversal aboutissant au stade à 8 cellules ou *blastomères.* Deux nouvelles divisions verticales aboutissent à 16 cellules, celles du haut (pôle animal) étant plus petites que celles de la base (pôle végétatif) renfermant les réserves nutritives. La division suivante aboutit à une sphère pleine constituant une petite mûre ; c'est le stade *morula* à 32 cellules. La vitesse des divisions varie selon les organismes. Chez la grenouille *Xenopus,* elles durent environ 30 minutes chacune, mais chez les mammifères, elles sont vingt fois plus lentes. A partir de la *morula,* l'œuf se creuse d'une cavité interne le *blastocèle* constituant le stade *blastula.* A ce stade, les cellules cessent de se diviser en phase, les divisions deviennent alors plus complexes et plus nombreuses. Par exemple, chez le *Xenopus,* six heures après la fécondation, la *blastula* s'est divisée en 10 000 cellules. On commence alors à observer des mouvements de cellules en surface. Une fente, le *blastopore,* apparaît dans la zone inférieure vitelline (renfermant le *vitellus*) dans laquelle s'enfonce les cellules pigmentées externes qui commencent à se diviser. C'est le stade de la *gastrula.* Les groupes de cellules constituent alors des *feuillets* qui deviennent des territoires embryonnaires indépendants les uns des autres et subissent des déplacements relatifs complexes. Les cellules pigmentées poursuivent leurs divisions et recouvrent progressivement la plus grande partie de la *gastrula.* Le *vitellus* s'épuise rapidement et s'enfonce lui aussi en faisant disparaître le *blastocèle.* Les cellules de l'hémisphère supérieur qui se sont invaginées dans l'intérieur de la *gastrula* forment le feuillet moyen appelé *mésoderme* et la *corde dorsale.* Une nouvelle cavité se creuse, la *cavité archantérique* devenant l'*archantéron* ou tube digestif embryonnaire. A la fin de la gastrulation, il y a trois types de feuillets emboîtés, le feuillet interne, l'*endoderme,* le feuillet médian, le *mésoderme* et le feuillet externe, l'*ectoderme.* Une partie centrale du mésoderme, le *cordoderme,* agit comme un centre organisateur du futur germe en émettant des substances inductrices auxquelles sont sensibles les trois feuillets. Ultérieurement, le cordoderme donne la *corde larvaire* qui deviendra *colonne vertébrale* chez les vertébrés. On passe alors au stade *neurula* et à la formation de l'embryon qui est alors reconnaissable. La *plaque neurale* entourée de bourrelets se forme à partir de l'ectoderme proche de la corde embryonnaire à la surface de la partie supérieure de l'embryon. Cette plaque neurale se creuse d'un sillon qui se referme en édifiant un *tube neural,* la future *moelle épinière,* se terminant à l'avant dans une *ampoule neurale* antérieure, le futur *encéphale.* L'*ectoderme* non neuralisé forme l'*épiderme* qui entoure l'ensemble de l'embryon. La tête se différencie autour de l'ampoule neurale et des fentes branchiales qui apparaissent derrière elle, et le bourgeon caudal devient visible. Le tronc est façonné par un phénomène, la *métamérisation,* c'est-à-dire de division en blocs successifs du feuillet médian, les *somites* enracinés dans les *lames latérales,* se développant progressivement de l'avant vers l'arrière. Remarquons que le mésoderme antérieur précordal ne subit pas cette division métamérique. Les somites comportent une partie interne, le *sclérotome* autour de la corde dorsale qui donne les ébauches des vertèbres et les côtes, une partie externe ou *dermatome* qui constitue le derme de la peau et une partie médiane ou *myotomes,* ébauches des muscles. Dans le tronc se forment les *néphrotomes,* ébauches des *reins* successifs, *pronéphros* puis *mésonéphros.* Les lames latérales se creusent d'une cavité, le *cœlome.* L'ébauche du *cœur* se fait dans le mésoderme ventral sous les ébauches branchiales. L'*archantéron* constitue à l'avant la future *région buccale* surmontée par l'*encéphale* et s'achève vers l'arrière par le *proctodeum* débouchant dans un *cloaque* au travers de l'*anus.* Les fentes branchiales s'ouvrent et séparent les *arcs branchiaux.* Le premier arc, *maxillo-mandibulaire,* est à l'origine des mâchoires. La première fente branchiale, *hyomandibulaire,* est à l'origine de l'oreille moyenne. Les fentes suivantes constituent l'appareil branchial des têtards d'amphibiens. L'ampoule neurale donne naissance à l'*encéphale* constitué tout d'abord en trois régions (*prosencéphale, mésencéphale* et *rhombencéphale*), puis en cinq, respectivement, *télencéphale* et *diencéphale, mésencéphale, métencéphale* et *myélencéphale*. Ces cinq ébauches du cerveau embryonnaire vont donner naissance aux organes sensoriels de la vue (diencéphale et myélencéphale), de l'olfaction (télencéphale) et les nerfs crâniens.

Chez le *Xenopus,* la neurulation a lieu 24 heures après la fécondation, et 4 jours après l'embryon émerge de la membrane vitelline et commence à se nourrir. Le développement des mammifères est plus lent en raison notamment du fait que l'embryon grandit dans le corps de la mère et non à l'extérieur. Le début du développement se traduit par les divisions de milliers ou de millions de cellules et leurs migrations coordonnées en diverses régions où elles vont former les organes.

Il est remarquable que les événements qui interviennent dans les premières étapes de croissance sont intangibles, rigoureusement établies, les étapes ultérieures sont en revanche beaucoup moins contraintes. D'un groupe à l'autre, d'une espèce à l'autre, les chaînes d'événements embryonnaires peuvent être décalées dans le temps par rapport à d'autres plus stables, ce sont ces décalages qui sont à la base des hétérochronies du développement.

8.2 – Les hétérochronies du développement

On sait depuis Haeckel[34] que le développement d'une espèce ancestrale peut être modifié chez ses descendants au niveau de sa durée ou de sa vitesse par des perturbations appelées *hétérochronies.* Une hétérochronie correspond au déplacement d'un événement ontogénétique le long de l'axe du temps à une période ontogénétique plus précoce ou plus tardive, ou à une retardation ou une accélération de sa vitesse de mise en place. C'est dans ce sens qu'il a été utilisé par de Beer[181], Bolk[183], Severcov[184], Novak[185], Lovtrup[186],

Sterba[187-188] et Verhulst[189-191]. Mais c'est seulement dans les années 1970, avec notamment le livre fondamental de Stephen Jay Gould[177] *Ontogeny and phylogeny* (le seul de ses livres non traduit en français), que la communauté scientifique a fait le point sur l'apport essentiel de l'embryogenèse à l'évolution. Gould a montré que les altérations de la chronologie et de la vitesse du développement constituaient une mécanique efficace du changement morphologique. Depuis, la biologie du développement a pris un essor important et prometteur pour la compréhension de l'évolution, comme en témoignent les ouvrages de Rudolf A. Raff et Thomas C. Kaufman *Embryons, gènes et évolution*[192], de Brian K. Hall *Evolutionary Developmental Biology*[178] et de Rudolf A. Raff *The Shape of Life*[193] et les travaux de nombreuses équipes.

Gould[177] a attaché une importance particulière à la formalisation de la mécanique du développement. Il a proposé une nouvelle définition des principales altérations de sa chronologie et de sa vitesse qu'il a visualisées par un jeu de pendules en avance ou en retard.

Ces altérations sont le résultat de processus génétiques qui commandent le développement : on commence seulement à en percer les mystères, comme nous le verrons au prochain chapitre.

Les hétérochronies qui intègrent des données aussi différentes que l'âge, la date d'apparition de la maturité sexuelle qui arrête la croissance globale de l'individu, la taille et la forme de l'individu *affectent essentiellement le développement des caractères,* bien qu'elles aient été le plus souvent appliquées à tort[188] à l'ensemble de l'organisme[191]. Pour évaluer une hétérochronie, il est indispensable de connaître le moment du début de formation, le taux de croissance, le moment de la fin de la croissance et du développement de la structure considérée. Pour évaluer les hétérochronies éventuelles chez les mammifères, Sterba[187,188] a comparé 1 720 embryons et fœtus de sept ordres de mammifères et a pu distinguer treize niveaux de développement ontogénétique caractérisés par l'apparition de structures internes ou externes*,[194].

Les hétérochronies ont fait l'objet de très nombreux travaux complémentaires d'Alberch *et al.*[195], Dommergues *et al.*[196], McNamara[197], Shea[198] et Reilly *et al.*[199] qui ont permis de préciser ces notions et leur terminologie.

Les altérations du développement déterminent deux types de motifs (ou *patterns*) hétérochroniques (figure 5). Le premier est la *paedomorphose* qui donne un descendant présentant à l'état adulte la *morphologie juvénile* de l'ancêtre. La paedomorphose résulte du fait que l'ontogenèse de certains caractères de l'espèce dérivée peut être tronquée par rapport à celle de son ancêtre soit dans sa vitesse, soit dans sa durée. Le second motif, inverse, est la *peramorphose*. Elle résulte d'un allongement de l'ontogenèse de certains caractères par rapport à celle de ses ancêtres soit dans sa vitesse, soit dans sa durée ; elle donne des descendants à morphologie nouvelle *hyperadulte*.

Compte tenu de la logique très mécanique de ces hétérochronies, qui semblent, nous le verrons, en partie au moins, contrôlées par des gènes de régulation, on peut dire que la construction de la morphologie d'un individu résulte du jeu d'un très grand nombre de petites *horloges internes du vivant* qui interviennent selon une séquence programmée assez contraignante et fonctionnent à des vitesses

---

* Ces stades ontogénétiques respectivement nommés 1, 2, 3, 4, 5, 6, 7, 7f, 8, 9, H, H1, E et N correspondent pour les six premiers aux vingt-trois stades de Carnégie définis par O'Rahily pour les embryons humains[194]. La naissance peut intervenir entre les niveaux 7 et H1, les petits acquérant les stades suivants dans un nid (nidicoles) ou entre les niveaux E et N chez les nidifuges[187,188]. Sterba a montré que les caractères mammaliens apparaissent entre les niveaux 4 (diaphragme musculaire, pigment rétinaire, hémisphère distinct sur le télencéphalon, ride mammaire), 5 (follicules des poils tactiles sur la lèvre supérieure), et 6 (fusion du palais secondaire, apparition des follicules pileux, doigts séparés, début de l'ossification).

différentes[89]. Nous synthétiserons ces altérations du développement en soulignant leur impact évolutif par des
exemples pris en paléontologie ou en biologie chez des
espèces actuelles.

Les altérations majeures du développement d'un *caractère,* d'un *organe* ou d'un *organisme global* sont au nombre
de six.

Elles peuvent toucher :

1. Sa vitesse, ralentie dans la *décélération* ou accélérée
dans l'*accélération*.

2. Sa durée, raccourcie dans l'*hypomorphose* ou allongée
dans l'*hypermorphose*.

3. Le signal du début du développement qui peut être
avancé *(pré-déplacement)* ou retardé *(post-déplacement)*.

Pour apprécier ces modifications complexes, on peut
comparer entre eux les développements d'un ancêtre théorique comportant quatre phases de développement successives (A, B, C, D), à ceux des descendants obtenus par
les hétérochronies (figure 5).

Figure 5. Les hétérochronies du développement. Les principales ▶
altérations de la chronologie du développement et leurs conséquences
morphologiques. En haut, les hétérochronies qui tronquent le développement : la décélération avec un ralentissement du développement qui se traduit par un descendant de taille identique puisque
la maturité sexuelle n'est pas touchée, mais avec la morphologie juvénile de l'ancêtre. L'hypomorphose où un développement tronqué
réduit l'individu à la taille et à la morphologie du stade où il est
arrêté. Enfin, le post-déplacement qui retarde l'apparition d'un caractère par rapport au développement global inchangé. En bas, les
hétérochronies qui étendent le développement. L'accélération où l'accroissement de la vitesse du développement donne un descendant à
taille identique à l'ancêtre, mais à morphologie hyperadulte. L'hypermorphose, lorsque la maturité sexuelle est retardée, la croissance
continuant donne un descendant de plus grande taille avec une
morphologie hyperadulte nouvelle. Enfin, le pré-déplacement qui
fait apparaître un caractère de façon précoce par rapport au développement global inchangé (d'après Dommergues *et al.,* 1986[196],
McNamara, 1986[197], Reilly *et al.* [199]).

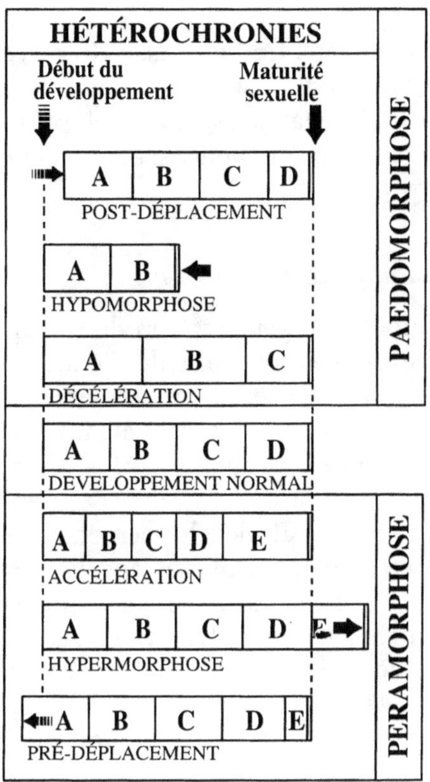

HÉTÉROCHRONIES
Début du développement
Maturité sexuelle
A B C D
POST-DÉPLACEMENT
A B
HYPOMORPHOSE
A B C
DÉCÉLÉRATION
A B C D
DEVELOPPEMENT NORMAL
A B C D E
ACCÉLÉRATION
A B C D E
HYPERMORPHOSE
A B C D E
PRÉ-DÉPLACEMENT
PAEDOMORPHOSE
PERAMORPHOSE

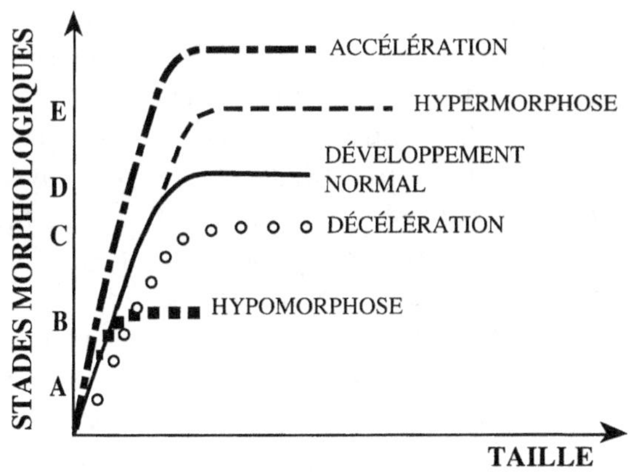

STADES MORPHOLOGIQUES
ACCÉLÉRATION
HYPERMORPHOSE
DÉVELOPPEMENT NORMAL
DÉCÉLÉRATION
HYPOMORPHOSE
E
D
C
B
A
TAILLE

8.3 – Les altérations de la vitesse du développement

Les altérations de la vitesse du développement peuvent se manifester soit par un ralentissement, soit par une accélération.

8.3.1 – *La décélération ou néoténie*

La paedomorphose peut être produite par un ralentissement du développement, une décélération. Par rapport à celui de l'ancêtre, un tel ralentissement, sans modification de sa durée, aboutit à un descendant ayant une taille identique, mais une morphologie plus juvénile, que l'on qualifie parfois de retardée. Le ralentissement de la croissance permet en effet au développement de parcourir les étapes A, B et C, mais la phase morphologique D n'est jamais atteinte et exprimée, et le descendant a une morphologie adulte juvénile C. Une taille identique associée à une morphologie adulte juvénile caractérisent donc les individus dits *néoténiques* ou *décélérés*. C'est la célèbre *néoténie* des salamandres mexicaines (axolotl), que nous avons citées ci-dessus[37,38]. Il existe dans ce pays une salamandre aquatique qui ressemble à un gros têtard avec des branchies et une nageoire dorsale, l'axolotl. Cuvier avait émis l'hypothèse qu'elle devait être la larve d'une salamandre inconnue. A. Duméril éleva six axolotls dans la ménagerie du Jardin des plantes de Paris en janvier 1864. Une année plus tard, elles atteignirent leur maturité sexuelle et se croisèrent avec succès. Quelque temps après, Duméril eut la grande surprise de constater que deux des descendants s'étaient métamorphosés en formes adultes d'une salamandre terrestre appelée *Ambystoma,* qui vit en Amérique du Nord, confirmant la logique de Cuvier. En 1866, onze autres descendants se métamorphosèrent en forme terrestre, alors que les parents conservaient leur morphologie de stade larvaire! C'est ce phénomène de conservation de caractère larvaire à l'état adulte, après l'acquisition de la maturité sexuelle, que J. Kollman a qualifié de *néoténie*[38], phénomène que Reilly *et al.*[199] ont révisé en 1997 sous le nom de *décélération*, afin d'être en cohérence avec l'hétérochronie opposée l'*accélération*. Or Reilly *et al.* ont démontré aussi que la paedomorphose de l'axolotl n'est pas due à une véritable néoténie, mais résulte en fait d'un arrêt précoce du développement d'*Ambystoma mexicanum* par rapport à la forme jugée ancestrale *Ambystoma tigrinum*, c'est-à-dire ce que l'on appelle maintenant une *hypomorphose* ! Nous verrons au chapitre suivant que la génétique de la *décélération* est suffisamment connue pour fournir une base d'approche des phénomènes hétérochroniques en cause. Des travaux réalisés sur les échinodermes par David et Mooi ont montré[200] que la pentamérie associée aux échinodermes est un caractère dérivé se surimposant à une organisation fondamentalement linéaire, qui remet en question l'interprétation des Holothuries, devenues au cours des temps géologiques des échinodermes hautement paedomorphiques conservant des morphologies juvéniles; un bel exemple de décélération.

Comme exemple de décélération, Sterba a montré que le développement du cerveau de l'ours blanc (*Thalarctos maritimus*) était retardé par rapport à celui des autres carnivores parce que, né au stade H1 comme les autres carnivores, la morphologie de son cerveau se trouve seulement au stade ontogénétique 7f*, mais cette néoténie est compensée par un développement post-natal du cerveau[188].

On a beaucoup parlé de la néoténie, ou de la retardation[183,189-191], qui affecterait le développement humain, mais cette idée doit être reprise d'une façon critique et discutée caractère par caractère. Un exemple indiscutable de décélération est fourni pendant le développement humain par le ralentissement de la croissance cérébrale entre la 30e et la 40e semaine[201] ; nous y reviendrons plus loin pour en tirer les conséquences. Un autre exemple de néoténie a été mis en évidence sur le ganglion vestibulaire de l'homme où l'absence de myéline autour des cellules ganglionnaires de Scarpa lui conserve un aspect fœtal[202,203]. Selon Verhulst[191], le menton de la mandibule des hommes modernes, qui apparaît entre six et treize ans, serait le résultat d'une retardation qui aurait des effets inégaux sur le développement des dents qui s'arrête vers sept ans et celui de la partie basale de la mandibule qui se poursuit jusqu'à la maturité sexuelle. Toujours selon le même auteur, la structure des poumons et le pelage réduit de l'homme auraient la même origine[189].

8.3.2 – L'accélération

L'*accélération* du développement est le phénomène inverse de la *décélération*. Du fait de son accélération, le développement parcourt les étapes morphologiques A, B, C et D bien plus rapidement avant la fin de la croissance, et comme celle-ci se poursuit elle s'exprime dans une phase morphologique nouvelle, E, dite hyperadulte. Une taille identique à celle de l'ancêtre, associée à une morphologie hyperadulte caractérisent les individus descendants accélérés. L'exemple que nous prendrons est encore peu connu. Il concerne des oursins actuels des grandes profondeurs[204]. Deux genres d'oursins, appelés respectivement *Pourtalesia* et *Echinosigra,* ont des jeunes de morphologie identique de type globuleux. *Pourtalesia* se développe en acquérant une morphologie étrange en forme de bouteille. Mais *Echinosigra,* qui passe d'abord par un stade *Pourtalesia* en forme de bouteille, a un développement encore plus extrême et se transforme en une espèce d'amphore au col très allongé, qui ne ressemble plus du tout à un oursin. Que s'est-il passé ? Le développement d'*Echinosigra,* partant d'une morphologie juvénile ronde identique, a été très accéléré et s'est poursuivi au-delà de la morphologie en bouteille de *Pourtalesia* (morphologie de type D), aboutissant à la curieuse configuration en amphore d'*Echinosigra* (morphologie nouvelle E). Par ailleurs, David et Laurin ont démontré, en analysant les processus ontogénétiques au moyen des méthodes vectorielles Procrustes[101], que l'évolution des oursins spatangues était caractérisée par une tendance globale de type peramorphique[103] formant des morphologies nouvelles hyperadultes.

Sterba[187] a déduit un cas d'accélération chez le hérisson (*Erinaceus europaeus*) où les follicules des épines du dos apparaissent dès le stade 5, alors que ceux des poils qui couvrent le reste du corps se développent seulement au stade 6.

Le vieillissement accéléré qui touche les enfants atteints de la terrible maladie génétique de la *Progeria* est manifestement le résultat d'une accélération généralisée des processus de division cellulaire dont le nombre est semble-t-il plus ou moins programmé pour l'existence. Ces enfants-vieillards qui n'ont pas achevé leur croissance ont épuisé tout leur potentiel cellulaire vers quinze ans.

8.4 – Les altérations de la durée du développement

D'autres phénomènes peuvent altérer le développement, notamment sa durée qui peut toucher soit l'ensemble de l'organisme, soit un caractère particulier. On sait qu'en général l'apparition de la maturité sexuelle marque la fin de la croissance. Or la maturité peut être soit avancée, soit retardée et il en résulte des modifications morphologiques importantes de la taille et de la morphologie de l'adulte descendant. Mais la durée du développement peut seulement toucher celle d'un caractère.

8.4.1 – *L'hypomorphose ou progenèse*

Lorsque l'apparition de la maturité sexuelle est avancée, on parle de *progenèse* ou, mieux, d'*hypomorphose*[199], puisque l'hétérochronie opposée est l'*hypermorphose*. Les conséquences pour le descendant en sont très importantes. Puisque l'apparition précoce de la maturité sexuelle arrête la croissance, le descendant aura une taille beaucoup plus petite que celle de l'ancêtre. D'autre part, comme l'arrêt de la croissance bloque le développement, celui-ci va être tronqué à une étape plus ou moins juvénile, C, parfois B, voire A dans les conditions extrêmes. Une taille réduite associée une morphologie juvénile caractérise donc les individus hypomorphiques. A titre d'exemple, nous citerons le cas d'une autre salamandre, le Bolitoglosse, représentée par plusieurs espèces. Il existe deux espèces essentiellement terrestres (*B. rostrata* et *B. subpalmata*) et une espèce arboricole (*B. occidentalis*). Or la forme arboricole est plus petite que les deux espèces terrestres et elle présente diverses modifications, dont un pied palmé. P. Alberch et J. Alberch[205] ont montré que la forme arboricole ressemblait aux jeunes des deux autres espèces. C'est-à-dire que la troncature du développement par hypomorphose a permis à l'espèce de conserver les caractères juvéniles des palmures des pattes et une petite taille qui lui pemettent de monter plus facilement dans les arbres. Ici, l'altération chronologique du développement a semble-t-il permis de coloniser une niche écologique rarement fréquentée par les salamandres, les arbres.

Rappelons que c'est l'hypomorphose qui détermine l'arrêt précoce du développement d'*Ambystoma mexicanum* qui reste à l'état larvaire.

L'arrêt précoce du développement dans le processus de l'hypomorphose (ex. progenèse) est connu par de nombreux exemples chez les ammonites[196] où il donne une image de paedomorphose.

8.4.2 – L'hypermorphose

Le phénomène inverse de *l'hypomorphose* s'appelle l'*hypermorphose*. Il est dû à un retard de l'apparition de la maturité sexuelle. Il s'exprimera par une modification importante par rapport à l'ancêtre. Du fait de l'apparition tardive de la maturité sexuelle, la croissance se maintient beaucoup plus longtemps et la taille continue à croître et la morphologie dépasse l'étape D ancestrale pour atteindre une morphologie hyperadulte E, voire F, si la croissance se poursuit encore. L'exemple le plus connu est celui des cerfs géants des tourbières quaternaires d'Irlande[206]. L'analyse de la croissance montre que les bois ne grandissent pas proportionnellement à l'accroissement de la taille du cerf, mais bien plus vite. Le mécanisme déterminant pourrait en être la sélection sexuelle. C'est à ces phénomènes de croissance exagérée à cause des phénomènes d'allométrie, ou croissance différentielle, que l'on rapporte tous les cas décrits sous le nom d'*hypertélie*. L'évolution fait parfois dans la démesure, mais il semble bien qu'il y ait une limite qui ne supporte plus les contraintes de la sélection naturelle ; c'est alors l'extinction.

Un autre exemple a été décrit par McKinney et Schoch en 1985 chez les Titanothères[111], des animaux tertiaires apparentés aux chevaux et aux rhinocéros. On y observe un développement progressif des cornes qui est interprété par les auteurs comme un phénomène général d'hypermorphose.

Chez l'homme, la descente du larynx, qui agrandit le pharynx et permet d'avoir un langage articulé, est un phénomène tardif qui commence dans l'embryon, se poursuit chez le fœtus et s'amplifie chez le jeune. Chez l'homme, jusqu'à 1 an et demi, la position du larynx est la même que chez le chimpanzé, proche du nasopharynx où l'épiglotte et le palais se superposent, mais à cet âge, il descend progressivement. Il s'agit là d'une hypermorphose[190] qui a des conséquences très importantes, d'une part, la possibilité de langage articulé pour l'homme, mais avec, d'autre part, comme conséquence fâcheuse l'impossibilité de boire et de respirer en même temps ; ce qui cause quelques morts par étouffement, un accident inconnu chez les singes supérieurs.

De même les innovations touchant le fémur (modification de l'épiphyse). La prolongation de la croissance de cet os qui lui donne une longueur très accrue par rapport à celle des singes supérieurs et des australopithèques[207] est un phénomène tardif du développement qui intervient pendant la phase de substitution lié lui aussi à une hypermorphose[190].

8.5 – Nanisme et gigantisme

Il existe d'autres types d'altérations chronologiques du développement. Certaines touchent tout l'organisme comme le nanisme ou le gigantisme qui correspondent, respectivement, à une croissance ralentie ou accélérée aboutissant à un descendant bien proportionné, d'autres à des nanismes disproportionnés[208]. Mais ces phénomènes ne doivent pas être confondus avec l'hypomorphose ou l'hypermorphose.

8.6 – Les pré et post-déplacements du développement d'un caractère

D'autres altérations peuvent décaler le développement d'un caractère ou d'un organe par rapport au développement global de l'organisme ; on parle alors de *pré* ou *post-déplacement*. L'acquisition de la croissance continue des molaires chez les campagnols appelés rats-taupiers[110,209,210] a été reprise en termes d'hétérochronies par Laurent Viriot[211,212]. Il a montré que ce phénomène, très fréquent chez les mammifères, est le résultat d'un processus de paedomorphose associé à un post-déplacement de la formation des racines dentaires (rhizagenèse). Lorsque le post-déplacement est tel qu'il inhibe de façon définitive la formation des racines dentaires, la croissance continue est acquise. La formation des cornes et des bois chez les mammifères est souvent liée à ce phénomène.

A l'inverse, une peramorphose peut résulter du développement plus précoce d'un caractère ; c'est le pré-déplacement bien connu chez les amphibiens qui produit une ossification précoce des os[213].

8.7 – Les chrono-hétérochronies

L'évolution des rats-taupiers d'Eurasie, l'exemple quantifié qui a permis la démonstration de l'existence de l'évolution graduelle[110], montre que le passage du genre *Mimomys* au genre *Arvicola*[209-212,214] se réalise par la modification progressive de plusieurs caractères dentaires comme la longueur et surtout par l'apparition de plus en plus tardive au cours du développement des racines dentaires. Chez les mammifères, la fermeture des racines achève la croissance dentaire, et leur apparition plus ou moins différée permet le développement partiel, ou permanent, de la croissance continue. Or ce processus graduel est contrôlé par un post-développement[212]. Ce phénomène de déplacement graduel d'un caractère, très fréquent chez les rongeurs[125], mais aussi chez les ammonites[124], souligne une déficience du vocabulaire des hétérochronies.

En effet, à côté des hétérochronies qui interviennent le plus souvent par saut entre l'ancêtre et le descendant au moment de la formation des individus ou des espèces, il faut prendre en compte ces hétérochronies graduelles qui se développent au cours de l'histoire temporelle d'une espèce. Je propose le terme de *chrono-hétérochronie* avec toutes les transpositions des diverses hétérochronies : *chrono-décélération*, *chrono-accélération*, *chrono-hypomorphose*, *chrono-hypermorphose*, *chrono-pré-déplacement* et *chrono-post-déplacement*.

8.8 – Les mosaïques hétérochroniques

Les altérations chronologiques décrites ci-dessus peuvent intervenir successivement dans le développement ou être associées en des cocktails variés, en mosaïque[88,89,192]. Nous pouvons revenir sur l'évolution des cornes de Titanothères[111] qui fait intervenir une mosaïque d'hétérochronies : un pré-déplacement (développement précoce des cornes) entre les formes éocènes et oligocènes, une accélération de nombreux caractères, dont la forme des cornes, entre *Brontotherium* et *Allops,* et une dissociation entre les développements des cornes et des autres caractères crâniens entre *Menodus* et *Brontops* à l'Oligocène. Les divers caractères ne sont donc pas liés, mais peuvent évoluer indépendamment.

C'est également le cas de l'évolution humaine et des singes supérieurs qui résultent d'un ensemble complexe de décélérations, hypomorphoses, hypermorphoses, pré ou post-déplacements touchant, par rapport au développement de l'ancêtre commun singe supérieur ancestral[88,89], les quatre phases du développement[113], respectivement, embryonnaire, fœtale, de dents de lait et de dents définitives.

La première phase dite embryonnaire, qui dure sept semaines chez le chimpanzé est prolongée jusqu'à huit semaines chez l'homme, et c'est pendant cette seule phase que se multiplient les cellules nerveuses, les neurones, à raison de 5 000 neurones/seconde, ce qui aboutit à environ 100 milliards de neurones chez l'homme. L'allongement de cette période de multiplication cellulaire chez l'homme est donc de type *hypermorphique* et entraîne une hypertrophie du cerveau par rapport à celui du chimpanzé.

La naissance, qui intervient après la fin de la deuxième phase dite fœtale, se produit seulement 1 mois plus tard chez l'homme que chez le chimpanzé. Mais il ne faut pas oublier que l'allongement de 1 semaine de la phase embryonnaire chez l'homme a décalé la phase fœtale proprement dite et repoussé la naissance d'autant. En fait, la phase fœtale proprement dire est plus courte chez l'homme (28 semaines) que chez le chimpanzé (30 semaines). Selon Portmann[215], la durée de gestation devrait être de vingt et un mois, ce qui est très long. C'est donc qu'elle a été raccourcie par l'action de la bipédie qui entraîne un accouchement plus avancé que prévu ; l'accouchement précoce a donc été sélectionné. L'accroissement de la capacité crânienne chez l'homme présente l'inconvénient majeur qu'il risque d'empêcher l'accouchement si la tête du bébé est trop grosse. Que l'on se souvienne du nombre de femmes et de bébés qui, au siècle dernier, perdaient la vie au moment de l'accouchement. Le développement de la croissance cérébrale est freinée entre la 30e et la 40e semaine[201] ; il y a donc vraie *décélération* qui permet à la tête du bébé de passer le canal obstétrical. On peut donc considérer la parturition humaine comme le résultat d'un *post-déplacement* qui aurait dû être d'environ vingt et un mois, mais a été fortement tronqué à neuf mois par la fonction de bipédie. Le bébé humain, plus prématuré que celui d'un chimpanzé, donne une image de paedomorphose.

La phase lactéale dure de trois à quatre ans chez le chimpanzé et de six à sept ans chez l'homme. Elle s'achève par l'apparition de la première molaire supérieure, ce qui correspond à un fort post-déplacement de ce caractère qui double la durée de cette phase. Pendant cette période, le trou occipital, dont la position joue un rôle majeur dans l'acquisition de la bipédie permanente, se trouve chez le jeune chimpanzé en position inférieure, ce qui explique que le jeune chimpanzé soit souvent bipède jusqu'à l'âge de 1 an et demi (1 an chez le gorille), mais la bascule de leur trou occipital vers l'arrière à cette époque entraîne la quadrupédie. Cela n'est pas surprenant, puisque la position du trou occipital et la forme générale du crâne de l'homme moderne adulte sont similaires à celles d'un jeune chimpanzé, alors que la morphologie du crâne de chimpanzé adulte est très différente[105]. Le maintien chez l'homme adulte de la morphologie crânienne primate juvénile arrondie avec le trou occipital à la base du crâne implique un processus d'*hypomorphose* qui tronque le développement de ce caractère, puisque la bascule vers l'arrière ne se fait pas. C'est cette observation qui a été interprétée comme *fœtalisation* par Bolk, *retardation* par Gould du développement humain par rapport à celui de notre ancêtre commun primate. La bipédie est un caractère nouveau et dérivé (apomorphie), apparu pour la première fois chez les australopithèques et transmis à leurs descendants, les membres du genre *Homo*[26,89].

Lors de la phase de substitution, le même processus d'*hypomorphose* empêche l'apparition des caractères simiens comme le bourrelet sus-orbitaire, les canines en crocs et les muscles masticateurs puissants. Les éléments osseux qui forment le sternum, qui normalement restent séparés pendant la vie chez les singes à queue, fusionnent chez les hominidés, mais ce processus a été accéléré chez l'homme moderne où ils se fusionnent en un seul os avant la fin de la mise en place de la dentition. Les processus mastoïdes apparaissent juste après la naissance chez l'homme et se développent plus tardivement chez les singes supérieurs. La phase de substitution s'achève avec l'apparition de la maturité sexuelle qui marque le début de la phase adulte vers six-sept ans chez le chimpanzé et vers quatorze ans chez l'homme. Ce recul, qui correspond à un *post-déplacement,* double la durée de cette phase (hypermorphose) durant laquelle les membres inférieurs de l'homme atteignent leur grande dimension par rapport à ceux des singes supérieurs[207]. C'est aussi à ce moment-là que s'effectue l'apprentissage qui permet la transmission de la culture.

Le passage d'une morphologie de singe supérieur à celle d'un homme fait donc intervenir des phénomènes complexes d'hétérochronies du développement qui jouent en *mosaïque* selon les deux motifs opposés qui tronquent ou allongent le développement. Une hypermorphose du système nerveux *(peramorphose)* allonge la durée de la phase embryonnaire, accroît la capacité crânienne et décale les phases suivantes. Une hypomorphose de la forme générale du crâne *(paedomorphose)* impose la bipédie et empêche l'apparition des caractères simiesques. Une décélération de la croissance crânienne à la fin de la phase fœtale permet à la tête de franchir le canal obstétrical, et des post-déplacements du développement de plusieurs caractères (apparition de la première molaire supérieure, maturité sexuelle) allongent les phases de dents de lait et définitives pendant lesquelles l'homme développe ses membres inférieurs et sa pensée réfléchie.

8.9 – L'ambiguïté des hétérochronies

L'analyse des hétérochronies humaines souligne l'ambiguïté de l'interprétation des changements morphologiques en termes d'hétérochronies.

Par exemple, l'événement de la maturité sexuelle à la fin de la période de substitution qui achève la croissance peut être considéré comme un post-déplacement, mais comme il allonge cette phase de substitution en repoussant la maturité sexuelle, il détermine ainsi une hypermorphose.

Il en va de même de l'avancement de l'événement de métamorphose chez l'axolotl, un pré-déplacement, qui donne une image d'hypomorphose.

8.10 – Les innovations, l'atavisme et les anomalies du développement

Si les altérations du développement constituent une *description mécaniste* des changements de forme des organismes réalisés dans le temps entre ancêtres et descendants, elles n'expliquent, cependant, ni les processus impliqués ni tous les phénomènes observés.

8.10.1 – Les innovations

Il faut prendre en compte les *innovations,* ou *apparitions de nouveaux caractères,* par le jeu normal des mutations. Citons quelques innovations bien connues du monde vivant actuel qui sont apparues brusquement à la naissance ou plus tard pendant le développement sur un, ou plusieurs individus d'une même portée :

– les nombreux albinos qui perdent leur pigmentation accompagnée ou non d'une dépigmentation de l'œil ;

– les pertes partielles ou totales des poils ou, à l'inverse, l'apparition de longs poils chez les lapins Castorex de la Sarthe en 1914, les chevaux à longue crinière sous l'effet de la mutation *longs crins* du cheval *Linus* (Bostock, Etats-Unis) ;

– les pertes de plumes chez les oiseaux ;

– les pertes de cornes chez les ovins ;

– les raccourcissements de la face chez les chiens bouledogues et king-Charles, bœufs, poissons, pigeons ;

– les hommes nains avec aplasie des os longs et déformations des extrémités dans l'Etat de Bahia.

On pourrait multiplier les exemples qui démontrent l'apparition saltatoire d'un nouveau caractère. Si ce nouveau caractère donne un avantage immédiat aux individus qui le portent ou est simplement neutre, il sera sélectionné et maintenu. En revanche, si l'individu porteur est désavantagé, il ne se reproduira pas, et le caractère disparaîtra.

8.10.2 – *L'atavisme*

Il est intéressant de noter que certains caractères, ou structures, observés dans les archives paléontologiques et depuis longtemps disparus, peuvent réapparaître spontanément chez une espèce vivante, c'est ce que l'on appelle l'*atavisme*. Ces cas sont plus ou moins fréquents. C'est par exemple la réapparition des doigts latéraux II et IV chez le cheval connus chez les ancêtres tertiaires comme *Merychippus* ; tel était le cas paraît-il de Bucéphale, le cheval d'Alexandre[22].

Que signifie l'atavisme ? Il implique que le programme de développement de ces structures anciennes n'a pas disparu, mais qu'il est simplement inhibé. Il montre qu'une mutation d'un gène fonctionnant comme un bouton électrique, un commutateur (+/-) peut réactiver la structure mise en sommeil.

Les *innovations* sont généralement prises dans l'*engrenage mécanique* des hétérochronies, qui les amplifie ou les minorise dans la dimension temporelle de la phylogenèse. Une *innovation précoce* amplifiée par la *décélération* correspond au phénomène de *protérogenèse,* alors qu'une *innovation tardive* amplifiée par une *accélération* est connue sous le nom de la *palingenèse.*

Des exemples multiples ont été décrits chez les ammonites, où la coquille, qui se construit par accrétion, permet d'observer les amplifications ou disparitions des caractères [114,124].

8.10.3 – *Les anomalies du développement*

Les anomalies du développement sont le prix à payer de la mécanique évolutive des mutations. Lors des réplications des chaînes de l'ADN, les erreurs que constituent les mutations sont souvent réparées, certaines subsistent et entraînent les modifications morphologiques novatrices et avantageuses dont nous venons de parler, mais parfois aussi introduisent des modifications du développement très désavantageuses* ; ce sont les *anomalies du développement* ou *malformations* étudiées par la *tératologie.*

Les anomalies très importantes entraînent souvent la mort plus ou moins prématurée du fœtus et l'avortement naturel, ce sont les *embryopathies* formant des monstruosités, incompatibles avec la vie. Mais d'autres, non létales, les *fœtopathies,* induisent des handicaps souvent sévères [208].

---

* C'est l'une des raisons invoquées par les détracteurs de la théorie de l'évolution, les créationnistes en particulier, pour affirmer que les mutations ne peuvent pas faire évoluer les espèces, mais seulement faire apparaître des formes monstrueuses. Mais, la biodiversité du monde animal actuel est là pour prouver que la mécanique des mutations de l'ADN dans les programmes génétiques des espèces est très novatrice et efficace.

Les anomalies toucheraient globalement environ 2 % des fœtus. De nombreux exemples sont connus chez l'homme où les anomalies sont soit héréditaires, soit accidentelles et dues à des erreurs de la méiose, de la mitose, trisomie 21 ou à divers facteurs infectieux et viraux, alimentaires, médicaments, etc.

Connues depuis l'Antiquité, elles sont à l'origine de nombreuses légendes, comme par exemple le cyclope Polyphème de l'*Odyssée,* les femmes velues, les sirènes, etc. On doit à Isidore Geoffroy Saint-Hilaire la première classification scientifique des anomalies : homme à tête d'oiseau (syndrome de Pierre Robin), anencéphale, hydrocéphale, monstre double acéphale, bicéphale, hermaphrodite, sirène (symélie), cyclope (cyclocéphalie), absence d'un ou plusieurs membres (ectromélie), macro ou microdactylie, doigts plus nombreux (polydactylie), doigts soudés (syndactylie), les phocomélies où les parties distales des membres sont reliées au tronc sans éléments intermédiaires, et tous les monstres doubles, etc. Nous renvoyons à l'ouvrage d'André Morin pour une étude exhaustive des anomalies humaines[208].

8.11 – Les hétérochronies et l'environnement

S. J. Gould[177] et B. K. Hall[178] ont montré que les altérations chronologiques du développement constituent un processus dit *épigénétique,* c'est-à-dire non entièrement contrôlé par le programme génétique. Elles relient le développement à l'écologie et à l'évolution.

Les hétérochronies sont souvent associées aux fluctuations des paramètres climatiques par le biais de *gènes thermosensibles* déclenchant la production de médiateurs hormonaux dans le cas de l'hypomorphose.

8.11.1 – Le contrôle environnemental de l'hypomorphose de l'axolotl

L'analyse du mécanisme endocrinien de la décélération ou néoténie de l'axolotl élucidé par Norris et Gern[216] est exemplaire. L'injection d'une petite quantité de thyroxine dans l'hypothalamus active la sécrétion de l'hormone thyroïdienne et induit la métamorphose en salamandre terrestre. Thompkins[217], sur la base des croisements réalisés par Humphrey[218], avait estimé que la décélération était régulée par seulement deux allèles d'un seul *gène P* qui détermine la production de thyroxine contrôlant la taille à la métamorphose et la durée de la croissance. En fait, une nouvelle série de croisements entre *Ambystoma mexicanum* et *A. tigrinum* a montré à Voss[219] que si la couleur des phénotypes est effectivement contrôlée par un seul gène, la paedomorphose est contrôlée par au moins deux gènes, sinon plus. Ces changements s'effectuent par le biais de récepteurs sensibles à l'hormone qui induisent la dégénérescence de certains tissus et changent les fonctions d'autres. Par exemple, ils contrôlent le passage de la peau larvaire à celle de l'adulte, sous l'action d'un ARN messager qui transcrit la protéine adulte nécessaire. On a montré que certaines séquences régulatrices commandant l'expression des gènes étaient thermo-activables ; ce qui permet de comprendre certaines interactions entre la génétique et l'environnement.

Ce phénomène explique en particulier pourquoi chez de nombreuses salamandres d'Amérique centrale le passage aux formes hypomorphiques est conditionné par la température des eaux des lacs qu'elles fréquentent. Les salamandres se métamorphosent en général, mais elles peuvent devenir hypomorphiques lorsqu'elles colonisent des lacs froids de montagne[192,216-219]. Le paramètre température semble donc jouer un rôle majeur dans l'activation, ou l'inhibition de (ou des) l'allèle(s) déterminant la métamorphose. Cet exemple montre comment le milieu intervient dans la sélection des morphologies les plus efficaces au sein d'un spectre assez large de possibles par le biais de *gènes thermosensibles* ou *thermo-activables*. On a aussi remarqué que les eaux stagnantes pauvres en oxygène renferment souvent des formes néoténiques ou décélérées.

L'analyse de la forme *Ambystoma talpoideum,* qui est facultativement paedomorphique, a montré qu'il y avait un découplage entre le développement somatique et sexuel. On observe en effet un pré-déplacement de la maturité sexuelle résultant de l'action de la sélection naturelle, et les changements morphologiques n'en sont que des conséquences secondaires[218]. Le phénomène des hétérochronies est donc sans doute plus complexe qu'on ne l'imagine, faisant intervenir, génétique, développement, sélections sexuelle et naturelle.

8.11.2 – *Les changements d'environnement ou de zone adaptative*

Les archives paléontologiques regorgent de fossiles présentant des caractères paedomorphiques et il est évident que ce phénomène a dû jouer un rôle considérable dans l'évolution des groupes, notamment dans celui des amphibiens. En effet, si un individu ne subit pas de métamorphose, il sera condamné à rester dans le milieu aquatique, mais s'il se métamorphose, il pourra changer de milieu et coloniser le milieu continental.

La *décélération* est semble-t-il à l'origine du *retour secondaire* des vertébrés quadrupèdes terrestres (Tétrapodes) au milieu aquatique, comme les Stéréospondyles. La preuve en est donnée par la présence de nombreux caractères décélérés[213] : os épais (ou pachyostose) et maintien des caractères juvéniles aquatiques de type tétard chez les formes adultes (persistance du cartilage).

Les processus *hypomorphiques* qui déterminent des formes de petites tailles permettent également de coloniser de nouveaux environnements et sont à l'origine de nouvelles lignées. Nombre d'exemples en paléontologie montrent que les nouvelles lignées commencent très souvent par de petites formes hypomorphiques (ou progénétiques). En effet, les modifications de la période d'apparition de la maturité sexuelle ont un impact sur la durée des générations qui peuvent être raccourcies ou allongées. Elles s'expriment par divers types de stratégies écologiques ou adaptatives. On distingue ainsi les stratégies r où un très grand nombre d'œufs sont abandonnés au hasard des vicissitudes de l'environnement et les stratégies K où un petit nombre de jeunes sont pris en charge par des parents qui leur assurent une protection renforcée contre les dangers de l'environnement.

L'évolution foisonnante des ammonites à partir d'un plan d'organisation qui reste globalement simple et inchangé est sans aucun doute due à la facilité d'exploitation des stratégies hétérochroniques potentielles pré-existantes[94,124]. Par exemple, la conquête des mers épicontinentales jurassiques à partir des mers pélagiques de la Téthys se réalise par des *paedomorphoses itératives,* c'est-à-dire répétées. A l'inverse, la colonisation de certaines zones confinées de l'Europe moyenne au Jurassique se concrétise par l'apparition de formes *peramorphiques.*

L'évolution canalisée des lignées avec un accroissement de taille et développement d'hypertélies est souvent la conséquence d'*hypermorphoses* et de *post-déplacements* constituant des *tendances évolutives.*

Liées à l'environnement, les hétérochronies semblent donc constituer une mécanique souple d'adaptation. Quand on sait que des modifications de forme permettant le changement d'environnement sont contrôlées par un ou deux gènes, on comprend mieux la puissance des mutations et la nécessaire discussion des phénomènes d'adaptation que nous ferons à la fin du prochain chapitre.

8.11.3 – *Développements larvaires et changements d'écologie*

Chez les oursins, des déplacements chronologiques d'événements du développement semblent liés à des changements dans les stratégies d'histoire de vie[220]. Ce sont des modifications qui touchent des stades précoces, mais n'affectent pas la morphologie adulte. Par exemple, chez les oursins marins, le type des larves qui se nourrissent a été perdu au moins vingt fois et s'accompagne à chaque fois d'un accroissement de la taille de l'œuf, d'une altération du clivage géométrique, d'une troncature de la morphogenèse (hypomorphose), d'une réduction de la durée de la métamorphose et d'un changement de l'expression d'une grande variété de gènes. Il en va de même chez les amphibiens où l'on observe les mêmes types de modifications chez les larves qui ne se nourrissent pas. Selon Wray[220], ces observations suggèrent que c'est l'écologie des larves qui dirige le développement et non l'inverse. Ensuite, la sélection naturelle pourrait agir sur ces mécanismes pour modifier la forme des larves sans entraîner de modifications du phénotype adulte. Chez les *Heliocidaris,* il semble que cette divergence se soit faite rapidement, depuis moins de 10 millions d'années, et résulterait de changements de stratégie de vie. On peut tout de même se demander si ce ne sont pas des modifications développementales qui, en modifiant la morphologie larvaire, auraient entraîné un déplacement écologique. Ici aussi on peut imaginer que le changement de l'expression de gènes commutateurs (+/-) permet deux types de développement, avec des larves obligées de se nourrir ou des larves possédant suffisamment de nourriture pour assurer leur propre croissance.

8.11.4 – *Les horloges du développement*

On constate donc que les contraintes internes du développement et les contraintes externes de l'environnement sont en étroites interactions non seulement de façon passive par le jeu de la tectonique des plaques, mais également de façon active par le biais de gènes thermosensibles.

On peut dire que les hétérochronies du développement, qui expriment la dynamique de l'évolution spatio-temporelle des structures, opèrent à la façon de *véritables horloges internes* contrôlant le développement de chaque caractère. Les mutations dérèglent le fonctionnement des horloges ancestrales en le ralentissant, l'accélérant, le retardant ou l'avançant.

Cette mécanique horlogère souple et économique permet enfin de comprendre de nombreux problèmes, en particulier que :

a) les changements de zone adaptative résultent souvent de l'apparition de nouvelles structures permettant de les coloniser, comme le passage du milieu aquatique au milieu terrestre chez l'axolotl, ou la conquête des savanes par les australopithèques ;

b) le parasitisme, l'atavisme et le retour à une ancienne zone adaptative sont dus, en partie, respectivement, à des réductions de caractères qui favorisent le parasitisme, à des réversions de caractères qui expliquent l'atavisme et, enfin, à des réversions de structures qui obligent le retour à l'eau d'amphibiens qui, anciennement aquatiques, étaient devenus terrestres (Stéréospondyles) ;

c) l'amplification de certains caractères de type hypertélique apparemment sans rapport avec les besoins de l'animal comme les bois des grands cerfs Mégacéros ;

d) un caractère peut évoluer de façon réverse alors que d'autres manifestent une évolution graduelle canalisée.

On relie enfin de façon simple l'évolution interne à celle de l'environnement avec deux cas possibles. Dans le premier cas, le milieu semble être en prise directe avec le programme génétique par le biais de gènes thermo-activables ou sensibles à la teneur en oxygène. Dans le second cas, on constate que ce sont surtout les modifications de structures qui conditionnent les changements de zone adaptative et d'environnements, la sélection naturelle leur donnant seulement une *caution de survie*. Cette nouvelle conception s'oppose complètement à celle du *stade synthétique* de la théorie où l'on donnait à l'environnement et à la sélection naturelle le rôle primordial.

Il reste maintenant à discuter des *processus* qui font fonctionner cette mécanique horlogère et dont la découverte constitue sans aucun doute l'une des avancées majeures de la biologie des dernières années. C'est celle de la *génétique évolutive du développement* et, en particulier, des gènes architectes, les fameux *homéogènes,* qui contrôlent la fabrication des organismes.

Chapitre 9

LES MÉCANISMES GÉNÉTIQUES
DES *HORLOGES DU VIVANT*

Les changements entre ancêtres et descendants ne peuvent logiquement intervenir qu'aux niveaux d'organisation génétique et ontogénétique. Ces changements sont d'ampleur différente selon le niveau hiérarchique analysé, sous-espèce, espèce ou plan d'organisation, et la grande question est de savoir s'il existe une seule ou plusieurs mécaniques évolutives communes pour l'ensemble de l'évolution du vivant.

9.1 – Y a-t-il une seule mécanique évolutive ? Macro et micro-évolution

P.-P. Grassé considérait que les mutations permettaient de comprendre la *micro-évolution,* c'est-à-dire le passage d'une espèce à une autre, mais était bien incapable d'expliquer le passage d'un plan d'organisation à un autre, c'est-à-dire la *macro-évolution* ou ce que d'autres ont appelé la *méga-évolution*[133,134]. Il estimait qu'il devait exister une mécanique particulière de la macro-évolution encore inconnue, mais différente de celle de la micro-évolution. A cette époque, en effet, on estimait que les mutations ayant des conséquences morphologiques trop importantes étaient mortelles (létales). On peut dire aujourd'hui que l'on a enfin la réponse à cette question et qu'il n'y a qu'*une seule mécanique évolutive,* celle des mutations (chapitre 3) et de leurs expressions au cours du développement.

Les mutations peuvent avoir des conséquences d'ampleur variable selon :
— leur emplacement sur les chromosomes ;
— le type de gène touché ;
— le moment de leur mise en œuvre dans la séquence du développement.

Si elles touchent des gènes de régulation d'une phase précoce du développement, elles peuvent avoir des résultats très importants, de type *macro-évolutif* et changer un plan d'organisation en un autre. Mais si elles concernent un ou deux caractères, formés durant une phase plus tardive, elles modifient seulement le niveau infra-spécifique ou spécifique de type *micro-évolutif.* C'est-à-dire que plus une mutation intervient tôt dans le développement, plus ses conséquences sont importantes pour l'organisme, puisque, comme von Baer[31] l'a montré, les caractères les plus fondamentaux apparaissent avant les caractères spécialisés. Cela signifie sans doute qu'il doit exister une véritable *hiérarchie des séquences de gènes* et de leurs expressions dont les résultats sont reflétés par la *hiérarchie de la systématique.*

En effet, les mutations qui affectent le développement agissent de deux façons :

1. Elles produisent des *innovations* ou des *anomalies,* l'apparition ou la disparition d'un (ou plusieurs) caractère(s) et déterminent la variabilité des caractères par leurs diverses formes ou *allèles.* Ces mutations sont parfois létales, comme certaines *mutations t* de la souris[22]. Nous en avons parlé au chapitre précédent.

2. Elles *modifient la chronologie, la durée et la vitesse du développement,* ce qui entraîne des modifications de forme de plus ou moins grande ampleur, selon la précocité de leur mise en œuvre.

Certains gènes mutés sont des gènes de *régulation* qui contrôlent le développement. Parmi eux se trouvent les *gènes commutateurs,* qui décident des choix binaires, à la façon d'un bouton électrique (+/-), sur l'*expression* ou l'*inhibition* d'un processus décidant du devenir de groupements cellulaires précis. Ce sont eux notamment qui déterminent les atavismes. D'autres gènes, les *gènes temporiseurs,* déterminent une chronologie précise des événements successifs du développement. Avec Charles Devillers dans notre essai sur l'actualisation de *la Théorie de l'évolution*[22], nous nous posions la question de savoir comment les cellules avec leurs *gènes temporiseurs* pouvaient lire le temps. La réponse, nous le verrons plus loin, est en cours d'explication.

Désormais, on relie la génétique au développement et à la paléontologie dans cette nouvelle discipline que l'on appelle *la biologie évolutive du développement.*

9.2 – Les homéogènes, ressorts des *horloges du vivant*

Si dans le chapitre précédent nous avons surtout évoqué les paléontologistes[177] travaillant sur la chronologie des événements du développement dans le changement morphologique, les biologistes ont eux aussi apporté une contribution importante à ces problèmes[192,220-244]. Les *mutants homéotiques,* qui consistent en l'apparition de structures sur des segments inappropriés des drosophiles, ont été découverts à la fin du siècle dernier par Bateson. Ces mutants sont les fameux *monstres prometteurs* de Goldschmidt, formes novatrices qui pouvaient porter les nouvelles structures acquises par des *mutations* dites *systémiques* touchant les chromosomes.

C'est Edward B. Lewis (colauréat du prix Nobel de médecine en 1994) qui, le premier, a travaillé à partir de 1950 sur un gène particulier de la drosophile que l'on appelle le *complexe bithorax*[226], tandis que Thomas C. Kaufman[192] travaillait sur un autre domaine homéotique, celui du *complexe Antennapedia.* Mais c'est seulement depuis les années 1980 que les outils moléculaires permettant d'identifier les *gènes de régulation* ou *homéogènes* ont été mis au point[227-230]. Les résultats actuels des recherches entreprises sur le rôle des *gènes architectes moléculaires universels* de la famille des *gènes à homéobox* ou *homéogènes*[231-244], bien que partiels et préliminaires, constituent une véritable révolution de fond dans la compréhension du phénomène évolutif. Leur avenir est extrêmement prometteur et devrait permettre de résoudre des problèmes complexes jusqu'ici insolubles.

Précisons tout d'abord la signification du mot *homéogène* qui traduit le fait que leur mutation transforme un segment du corps d'un insecte en un autre segment ; *homeo* signifiant semblable. Ces gènes, désignés tout d'abord sous le nom de gènes *HOM* chez les invertébrés et *Hox* chez les vertébrés, sont maintenant réunis sous le seul vocable de gènes *Hox*. On s'est en effet aperçu que ces gènes étaient très semblables pour la bonne raison que les gènes *Hox* des vertébrés proviennent de duplications des gènes *HOM* des invertébrés. En effet, le remplacement de gènes *HOM* de la drosophile par des gènes *Hox* de souris ne perturbe pas leur développement ; c'est dire qu'ils sont vraiment proches, on dit *paralogues*.

Pour comprendre leur fonctionnement, on a étudié, en premier chez la drosophile, les régions du corps où ces gènes *HOM* sont activés, puis dupliqués en ARN messagers qui contrôlent :

— la synthèse des protéines *HOM* ;

— l'identité et la position des cellules embryonnaires le long de l'axe tête-queue, dorso-ventralement ou dans les membres ;

— activent certaines cellules embryonnaires pendant un temps limité dans un emplacement déterminé.

Précisons tout de suite que tous les gènes *homéobox* ne sont pas tous homéotiques. Sur les 180 paires de bases (nucléotides) qui constituent les *homéoboîtes* des six principaux gènes homéotiques, seulement de 10 à 20 % ont subi des mutations au cours de l'évolution du monde animal. Ces gènes *Hox* correspondent à des séquences d'ADN très semblables codant des *domaines de protéines d'environ 60 acides aminés* que l'on appelle les *homéodomaines*. Ces protéines, lorsqu'elles se fixent sur l'ADN dans une région de régulation du gène, sont capables d'activer ou d'inhiber le gène et donc de produire ou d'empêcher la fabrication d'une protéine. On trouve des homéodomaines dans de nombreuses protéines et comme ils semblent apparentés on les rassemble sous le terme global d'*homéodomaines* de la classe des *Antennapedia*. Ils dériveraient d'un complexe ancestral *Antennapedia* appartenant à un animal vermiforme il y a plus de 600 000 millions d'années. Cette hypothèse est confirmée par l'identification d'un complexe HOM de ce type chez le ver *Caenorhabditis elegans*. Les protéines *HOM* construisent l'organisme en affectant les cellules à tel ou tel organe.

On sait maintenant que les homéodomaines de la drosophile et de la souris sont presque identiques. Par exemple, l'homéodomaine *Antennapedia* de la drosophile ne diffère de celui du gène *HoxB6* de la souris que par 4 acides aminés sur 61. Le transfert du gène *HoxB6* dans les cellules embryonnaires de la mouche donne des résultats surprenants, la région de la tête se développant comme s'il s'agissait du thorax avec tous les appendices qui lui sont normalement attachés. Ce même gène assure le remplacement homéotique des antennes de la tête par des pattes thoraciques, ce qui est vraiment étonnant.

Lewis a pu montrer que les gènes du *complexe bithorax* sont alignés sur le chromosome de la drosophile dans le même ordre que les régions qu'ils contrôlent le long de l'axe du corps et fonctionnent selon une séquence d'événements successifs[226]. C'est ce qu'on appelle le bouquet d'*Hox* (*Hox cluster*).

Le fonctionnement des gènes *Hox* peut être résumé comme suit. Le gène *Hox* est transcrit et fabrique une protéine possédant un homéodomaine qui se lie et régule l'activité des gènes, notamment ceux qui contrôlent les propriétés des cellules et forment les structures. Les gènes *Hox* jouent donc un rôle indirect de régulation, pas de construction directe d'une nouvelle structure.

Duboule[233] a pu montrer que, même s'il existe des différences souvent marquées dans les premiers stades du développement embryonnaire de la *gastrula* et des larves, tous les métazoaires ont en commun une période du développement appelée *stade phylotypique* durant lequel les embryons des divers phylums sont très similaires. Cette ressemblance particulièrement visible sur les embryons de poissons, amphibiens, reptiles, oiseaux et mammifères est due aux contraintes de développement imposées par les gènes *Hox*. Il faut en effet que les phénomènes de colinéarité temporelle de prolifération cellulaires soient bien corrélés avec la colinéarité spatiale des gènes sur les chromosomes et leurs zones d'expression dans l'embryon. Les grandes lignes de structure du plan d'organisation des vertébrés sont élaborées durant la courte phase du développement correspondant à l'apparition des premiers somites et à la fermeture du tube neural, qui dure deux jours chez la souris.

Les résultats obtenus aussi bien chez les invertébrés que chez les mammifères sont, n'ayons pas peur des mots, vraiment extraordinaires et révolutionnaires. Ils remettent en cause bien des idées reçues et devraient permettre dans un proche avenir de déterminer notamment les gènes responsables des diverses hétérochronies. Ce sont eux qui constituent les *ressorts* des horloges internes du vivant. Examinons quelques exemples qui montrent l'importance insoupçonnée de ces gènes.

9.3 – Des exemples très démonstratifs du rôle des homéogènes

9.3.1 – *La segmentation des organismes : l'inversion de structure insectes/vertébrés*

L'idée avancée dès 1822 par Geoffroy Saint-Hilaire que la région ventrale des invertébrés était l'homologue de la région dorsale des vertébrés[245] a été brillamment confirmée par De Robertis et Sasai[236] sur la drosophile. Ils ont pu montrer que ce changement considérable de structure était sous le contrôle de quatre gènes antagonistes. Chez la drosophile, le gène *decapentaplegic (dpp)* a des fonctions dorsalisantes, c'est-à-dire que les cellules concernées deviendront dorsales, tandis que chez les vertébrés le gène *bone morphogenetic protein 4 (BMP-4)* (l'équivalent du gène *dpp*) a des fonctions opposées ventralisantes, autrement dit les cellules concernées deviendront ventrales. De la même façon, le gène *short gastrulation (sog)* a une fonction ventralisante chez la drosophile alors que chez les vertébrés le gène équivalent *chordin (chd)* a une fonction dorsalisante.

L'universalité de ces gènes suggère qu'ils sont extrêmement anciens et indispensables à la mise en place de l'axe dorso-ventral. De ce fait, le tube nerveux ventral des invertébrés doit être considéré comme une structure homologue du tube nerveux dorsal des vertébrés. Cette inversion a dû intervenir avec la grande innovation des mécanismes de gastrulation qui a séparé les protostomes et les deutérostomes.

Autre exemple, Linda Z. Holland *et al.*[246] ont découvert chez l'*Amphioxus,* l'invertébré le plus proche de la souche des vertébrés, une version du gène *Engrailed* de la drosophile. Chez ces deux animaux, le gène contrôle la division de l'embryon en segments particuliers constituant la base des segments corporels chez la drosophile et délimitant les huit premières paires de muscles chez l'*Amphioxus*.

On a montré aussi que le gène *Hox*, appelé *Abd-B*, qui, chez la drosophile, détermine la partie postérieure de l'embryon, a chez le poulet un rôle de partition de l'aile en trois segments. Un gène nommé *distalless* vient en effet d'être reconnu par S. B. Carroll[235] comme ayant un rôle majeur dans le développement des membres chez les invertébrés, aussi bien chez la drosophile que chez les crustacés où il est simplement dupliqué.

On a également découvert que, chez les tuniciers, des invertébrés marins dont la larve possède une queue pour nager, un seul gène appelé *manx* peut restaurer la queue. Cela démontre qu'une seule mutation était suffisante pour faire apparaître l'innovation de la queue chez les vertébrés primitifs, du fait que le développement est en grande partie modulaire[239].

9.3.2 – *La formation d'une mouche*

On connaît maintenant la séquence complète du programme génétique du nématode *Caenorhabditis*, et pour une grande part ceux de la mouche du vinaigre, la fameuse drosophile, et de la souris. Les mutations dites *homéotiques* (*antennapedia, bithorax, abdominal* A et B, *deformed*, etc.)[226,230] causent une altération du développement qui fait qu'une structure est remplacée par une autre, un organe par un autre organe homologue. Par exemple, une aile d'insecte peut être remplacée par une patte !

L'analyse détaillée de la construction d'une larve de mouche permet de préciser les séquences de gènes qui interviennent dans le développement[226-231,235]. L'œuf de la drosophile est allongé et de forme cylindrique. Les divisions du noyau issu de la fécondation aboutissent au bout de deux à trois heures à la formation de 5 000 noyaux isolés dans le cytoplasme entre lesquels se développent des cloisons constituant l'embryon multicellulaire. Cette structure simple, la *blastula,* se réalise sous l'action de facteurs cytoplasmiques et par l'activation de gènes maternels. La polarité dorso-ventrale est déterminée par la mise en jeu d'environ dix gènes, la polarité antéro-postérieure par celle d'au moins quatre autres gènes maternels. Cette action a été testée par le fait que des mutations dans ces gènes entraînent la duplication ou l'absence des structures tête-queue ou dorso-ventrales. L'axe antéro-postérieur est déterminé par un gène important situé dans le cytoplasme antérieur, le gène *bicoid,* codant pour la synthèse d'une protéine qui diffuse dans l'œuf et produit un gradient de différenciation, établissant la frontière entre la tête et le thorax, et activant un autre gène, et ainsi de suite en chaîne pour former les limites des segments. L'axe dorso-ventral se différencie à partir d'une modification de la membrane ventrale déterminant un gradient d'une protéine codée par le gène *dorsal*, qui contrôle les gènes organisant cet axe. La concentration différentielle du produit du gène *dorsal* entraîne à forte concentration la formation de muscle, à concentration moyenne celle de cellules nerveuses, et à faible concentration celle des cellules épidermiques. L'activité précoce de 50 gènes aboutit à la segmentation de l'œuf en deux parties. C'est à ce moment que se réalise la *gastrulation,* c'est-à-dire l'apparition des grandes lignes du plan d'organisation du futur organisme. La gastrulation se réalise par la migration de cellules selon des itinéraires complexes programmés, aussi bien dans le domaine spatial que temporel. L'activation de ces gènes se réalise en bandes parallèles de quatre cellules le long de l'axe de l'embryon où les concentrations des diverses protéines sont indépendantes, bien avant l'apparition des cloisons cellulaires. Elles se diviseront ensuite pour former les segments de l'adulte dont certains fusionneront. Les gènes maternels et paternels interviendront pour former les sillons qui séparent les segments, six céphaliques, trois thoraciques, huit abdominaux et trois postérieurs. Ces segments vont se différencier ensuite sous le contrôle de nouveaux gènes, les *gènes homéotiques*. Chez la drosophile, il y a huit gènes *Hox* homéotiques arrangés en deux complexes appelés respectivement *complexe Antennapedia* (ANT-C) et *complexe Bithorax* (BX-C) localisés dans deux régions du chromosome 3. Chez la drosophile, on a montré qu'il y avait une corrélation étonnante entre l'ordre de ces gènes sur le chromosome et la position de leur activation et expression lors du développement de l'animal. Sans les gènes *Hox,* les segments des insectes seraient tous identiques. Le *complexe Antennapedia* est constitué de trois gènes et contrôle la spécification des parties antérieures du corps, la tête et les segments thoraciques de 1 à 3. Le *complexe Bithorax* est aussi formé de trois gènes contrôlant le segment 3 et les segments abdominaux de 1 à 8. Ces gènes déterminent le développement sur le deuxième segment d'une paire de pattes et d'une paire d'ailes et sur le troisième segment d'une paire de pattes et d'une paire de petites massues équilibrantes, les ailes vestigiales. Chez les vertébrés, ces gènes ont été dupliqués depuis la divergence invertébrés/vertébrés. La régulation des gènes *Hox* a également évolué. Par exemple, chez la drosophile, les produits du *complexe BX-C* suppriment la formation des pattes sur l'abdomen en inhibant le gène *distalless* qui intervient normalement dans sa mise en place, tandis que les protéines *Antp* (ANT-C) provoquent la formation d'une patte et la suppression de l'antenne sur le second segment thoracique. Il semble donc que les gènes homéotiques ne soient pas obligatoires pour former une patte, puisque ce potentiel existe dans tous les segments, en revanche ils inhibent ou modifient le développement de la patte en créant des appendices particuliers. De même, il semblerait que les membres abdominaux, connus chez les larves de nombreux insectes sous le nom de *prolegs,* soient sous le contrôle du gène *abd-A (Abdominal-A)* qui fonctionnerait comme un bouton électrique, un commutateur (+/-) et expliquerait la réapparition atavique de ces organes chez les papillons (lépidoptères). Comme on le voit, on est loin de maîtriser encore l'ensemble des fonctions des homéogènes, mais leur rôle majeur est désormais évident et passionnant.

9.3.3 – *L'apparition du vol chez les insectes*

Le vol est sans aucun doute l'innovation majeure des insectes ailés *(ptérygotes)* qui sont connus à partir du Carbonifère (362-290 Ma)[226,235]. La question qui se pose est la suivante : est-ce que les ailes sont des structures anciennes modifiées ou de vraies innovations morphologiques ? Pour certains *(théorie paratonale)*, les ailes sont des innovations provenant d'hypothétiques expansions rigides du corps d'un ancêtre terrestre. Pour d'autres *(théorie du limb-exite)*, l'aile des insectes provient, par une série d'intermédiaires, de l'exite des membres polyramés d'un ptérygote aquatique, c'est-à-dire d'une structure à fonction respiratoire antérieure. Ces proto-ailes, en forme de sacs, sont présentes sur les segments thoraciques et abdominaux des ptérygotes. Chez certaines nymphes, ces sacs peuvent se développer et ils sont alors utilisés pour la propulsion. Chez des insectes plus amphibies, ces expansions auraient été utilisées pour glisser à la surface de l'eau. Puis ces structures se seraient transformées en ailes.

L'étude de l'ontogenèse comparée des membres et des ailes plaide en faveur d'une forte relation entre les deux organes. Les ailes se forment à partir de cellules qui migrent du champ cellulaire qui donnera les pattes. Puis, à la différence de ce qui se passe pour les pattes, il y a apparition de deux compartiments : un ventral et un dorsal où s'exprime le gène *apterous* qui se révèle indispensable pour la formation des ailes, alors qu'il est inutile pour la formation des pattes. A noter que chez les branchiopodes (crustacés), la branche dorsale de l'appareil respiratoire exprime spécifiquement le gène *apterous* et un autre marqueur du champ alaire des insectes. Aujourd'hui, il semble donc plausible de penser que l'aile des insectes viendrait du lobe respiratoire d'un ancêtre à larves aquatiques et appendices polyramés, comme ceux trouvés sur tous les segments du tronc chez des insectes du Primaire (les *Paleodictyoptera*) ou les larves des *belles de mai* actuelles.

On peut en conclure que les gènes *Hox* ne sont pas des architectes qui donneraient l'ordre de *former une patte* ou de *former une aile,* mais que leur rôle se situe plutôt dans leur possibilité de modifier le programme de développement de telle façon qu'une aile puisse devenir une haltère ou qu'une antenne devienne une patte ! Ils agissent donc sur la régulation et modifient les interactions entre les protéines du domaine *BX-C* et les gènes impliqués dans la morphogenèse des organes.

Tous les gènes *Hox* des arthropodes ont évolué avant l'apparition des insectes puisqu'on les trouve chez les crustacés et les araignées apparus avant eux.

9.3.4 – *L'origine du plan d'organisation gastéropode*

L'un des exemples les plus spectaculaires de transformation de structure concerne l'origine de la torsion des gastéropodes. On sait que ces animaux ont des coquilles dont l'enroulement peut être dextre ou senestre, torsion qui s'affirme dans le développement lors de la division du premier plan de clivage embryonnaire, selon l'orientation du fuseau mitotique vers la gauche ou vers la droite. Or cette torsion est contrôlée par une seule paire de gènes par le biais de facteurs cytoplasmiques maternels[247]. En effet, l'injection de cytoplasme d'œuf d'escargot à enroulement dextre dans des œufs à enroulement senestre modifie l'enroulement vers la droite. Cette expérience a permis à Stephen M. Stanley[248] de suggérer que la torsion, et avec elle la classe tout entière des gastéropodes, pourrait résulter d'une simple mutation qui aurait changé un œuf à enroulement radial en œuf à enroulement spiral. Une innovation non létale qui, par le jeu d'une simple mutation, participerait à la création d'un nouveau plan d'organisation !

9.3.5 – *Le passage des Agnathes aux Gnathostomes*

On sait maintenant que l'arc viscéral de la tête des vertébrés, qui comporte la mâchoire, les os de l'oreille moyenne, le squelette de la langue et les arcs branchiaux, a une origine différente du crâne. L'arc viscéral est formé de cellules de la crête neurale contrairement au crâne. Les os dermiques de la face du crâne dérivent également de la crête neurale. Si les arcs viscéraux et le crâne sont connus chez les plus anciens vertébrés, l'os dermique n'apparaît que plus tard, il y a environ 500 millions d'années. Kontges et Lumsden[237] ont pu montrer que le *rhombomère 4* formait une part du squelette de la langue, du processus rétro-articulaire de l'arrière de la mâchoire des oiseaux et reptiles, mais pas des mammifères, et les muscles qui les relient au crâne. Le reste de la mâchoire est constitué par un amalgame de *rhombomères 2 et 1* et de portions moyennes de la crête neurale. On commence à déchiffrer le rôle très complexe que les homéogènes jouent dans la segmentation de la crête neurale rhombocéphalique qui est conservée durant l'ontogenèse crâniofaciale[237-239] et l'on a montré que chez la souris elle implique les gènes régulateurs *Hoxa-2* et *Otx-2*[237-239,249,*]. On devrait donc prochainement comprendre l'origine complexe de la mâchoire des vertébrés. Il n'y a donc pas

---

* Ils agiraient en réalisant une transformation homéotique de la 2e crête crânienne neurale (2nd arch NC) qui prendrait l'identité de la première crête rhombomérique.

incompatibilité entre ponctualisme et chaînons manquants comme ont trop souvent voulu le faire croire les détracteurs de la théorie de l'évolution.

9.3.6 – *Un saut entre les plans d'organisation reptiles-mammifères*

Le passage de la mâchoire reptilienne à la structure mandibulaire mammalienne, qui paraissait impossible à expliquer par l'accumulation de milliers de petites mutations triées toujours dans le même sens par la sélection naturelle dans le cadre du stade *synthétique,* est aujourd'hui en voie de compréhension.

La mâchoire des reptiles mammaliens (ou Thérapsides) est constituée par plusieurs os (figure 6) : le dentaire, l'angulaire, le pré-articulaire et enfin l'articulaire qui assure l'articulation avec le condyle de l'os carré situé sur le crâne. Chez les mammifères, l'os dentaire qui constitue toute la

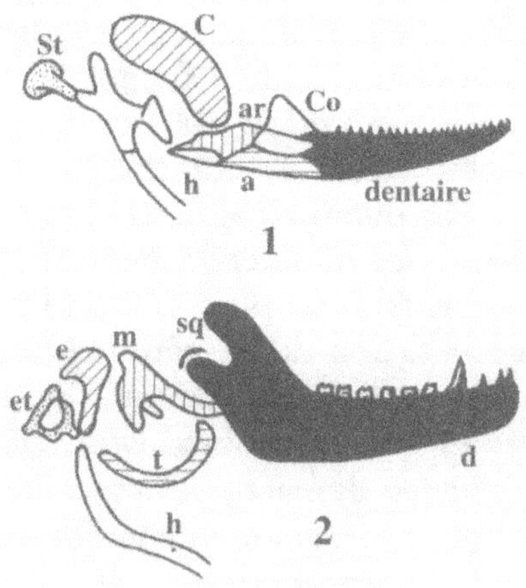

Figure 6. De l'articulation mandibulaire des reptiles à celle des mammifères. *a :* angulaire ; *ar :* articulaire ; *c :* carré ; *co :* coronoïde ; *d :* dentaire ; *e :* enclume ; *et :* étrier ; *h :* hyoïde ; *m :* marteau ; *sq :* squamosal ; *st :* stapes ; *t :* tympanique (d'après Chaline, 1987[85]).

mâchoire s'articule directement sur l'os du crâne, appelé squamosal, et le carré et l'articulaire sont devenus des os de l'oreille moyenne. Surprenant ! Inexplicable ?

La paléontologie nous apprend que, au cours de l'histoire évolutive, chez *Dimetrodon,* un reptile mammalien, l'os dentaire se développe en longueur et occupe presque les deux tiers de la mandibule. Chez les Cynodontes plus récents, le dentaire constitue pratiquement à lui seul la mandibule, le carré et l'articulaire étant déjà très réduits. Et, enfin, chez *Probainognathus* et *Diarthrognathus*[22,85], on observe côte à côte une double articulation, où l'articulaire s'encastre dans l'os carré (articulation reptilienne) et le dentaire s'intrique dans une cavité du squamosal (articulation mammalienne). Chez les mammifères du Jurassique, l'articulation mammalienne entre le dentaire et le squamosal persiste seule. Comment expliquer un tel changement de structure ? C'est R. W. Palmer, un embryologiste, qui, dès 1913, a trouvé partiellement le mécanisme embryologique[250]. Au début de l'ontogenèse, un embryon de marsupial, un mammifère, possède une mandibule cartilagineuse qui s'articule sur un cartilage homologue de l'os carré, ce qui correspond à une articulation de type thérapside ou reptilien. Au cours du développement embryonnaire, le dentaire s'accroît considérablement établissant une nouvelle articulation dentaire-squamosal de type mammalien. De la partie postérieure du cartilage mandibulaire dérive par ossification le marteau de l'oreille moyenne. L'ossification du cartilage de l'os carré formera l'enclume dans l'oreille moyenne. Le reste du cartilage mandibulaire disparaît par mort cellulaire (ou *apoptose*), séparant ainsi la mandibule proprement dite des éléments qui constituent l'oreille moyenne. Cette élégante démonstration explique dans ses grandes lignes un changement de plan d'organisation important, sans faire intervenir de multiples changements, mais seulement des remaniements embryonnaires comme on en voit dans les diverses hétérochronies, ce qui n'exclut pas que la tendance à l'accroissement de l'os dentaire, par une succession de chaînons intermédiaires, a dû être favorisé par la sélection naturelle. Il reste à déterminer les gènes de régulation impliqués par la formation de ces structures.

9.3.7 – *La formation de l'œil*

L'apparition, puis l'évolution de l'œil, qui angoissait tant Darwin et bien d'autres paléobiologistes, est maintenant en voie de compréhension. On a en effet identifié des gènes régulateurs qui, chez la drosophile *(eyeless)* et chez la souris *(Pax6),* induisent le développement de l'œil[239]. En effet, si l'on introduit le gène *Pax6,* paralogue du gène *eyless,* chez une drosophile, il induit la formation d'yeux (de drosophile) sur la tête mais aussi, si l'expérimentateur le veut, sur les pattes ou les antennes !

Nilsson et Pelger, en 1994, ont simulé à l'ordinateur la formation d'un œil et calculé que pour réaliser les huit innovations (apomorphies) nécessaires à la constitution d'un œil de vertébré, il fallait environ deux mille étapes accumulées mutation après mutation (selon la conception du stade synthétique)[251-253] : (1) formation d'une couche de cellules photosensibles intercalée entre une couche transparente et un tissu pigmenté, (2-3) incurvation de ces deux couches pour former un hémisphère, séparé par un corps vitreux, (4-5) la rétine continue de croître sans modifier sa courbure et l'ouverture de l'œil se rétrécit, (6-8) l'accroissement de l'indice de réfraction fait apparaître la lentille du cristallin qui devient sphérique et se place en rétrécissant au centre de courbure de la rétine.

Il est vraisemblable que le rôle des gènes de régulation réduit considérablement le nombre de ces étapes. On sait déjà, avec Pappayannipoulos *et al.*[251], que derrière le sillon où va se former l'œil des cellules sont regroupées en photorécepteurs formant des grappes asymétriques, les *ommatidies*. Les cellules arrangées en ommatidies dorsales et ventrales se rencontrent sur une ligne médiane dorso-ventrale appelée *équateur*. De nombreux gènes interviennent comme *fringe* (fng) qui régule la signalisation entre les cellules dorsales et ventrales et active *Notch* qui contrôle la limite entre les compartiments dorso-ventraux et la diffusion des facteurs de croissance dans son secteur.

La découverte la plus étonnante faite par ces auteurs[251] est que la signalisation dorso-ventrale dans l'œil présente de nombreuses similarités avec celle que l'on observe lors de la formation de l'aile ! En effet, dans les deux cas, une asymétrie initiale est déterminée par l'expression de *Wingless*. Ensuite, lors d'une étape suivante, dans l'aile *Wingless* inhibe l'expression d'un régulateur positif de *fng* dans les cellules ventrales, alors que dans l'œil *Wingless* déclenche l'expression du gène *mirror* (mrr) qui régule les cellules dorsales. De plus, les gènes *fringe* jouent un rôle analogue dans la signalisation dorso-ventrale lors de la formation des membres de vertébrés et on observe un déploiement similaire des protéines *Hedghog-Decapentaplegic* pour diriger le motif des membres des drosophiles et des vertébrés. La similarité des mécanismes moléculaires, qui contrôlent le développement de trois structures aussi disparates que les ailes et les yeux des drosophiles et les membres des vertébrés, suggère leur dérivation d'un organe ancestral commun, un appendice. Ces travaux concernent les premiers stades du développement de l'œil ; la mise en évidence de l'ensemble des mécanismes constitutifs des yeux est maintenant une affaire de temps.

9.3.8 – *L'asymétrie des organes internes des vertébrés*

Le corps des vertébrés présente une symétrie externe bilatérale, tandis que les organes internes présentent souvent une asymétrie droite-gauche (cœur, foie, etc.). On connaît dans le monde animal et chez l'homme, en particulier, des anomalies partielles de situation des organes *(hétérotaxie)* ou complètes de perte d'asymétrie *(isomérisme).* Les individus qui possèdent une inversion complète ne subissent pas de conséquences dramatiques ; par exemple, une Vietnamienne a vécu cent dix-huit ans avec le cœur à droite et le foie à gauche. Mais, lorsqu'elles sont incomplètes, les inversions génèrent des complications sérieuses. La latéralité est régulée par des signaux relayés par des molécules telles que *Shh, Nodal* ou *activine*[254]. Le gène *Pitx2* est exprimé dans la plaque mésodermique latérale gauche et, de ce fait, dans le cœur et l'intestin des embryons de l'amphibien *Xenopus,* du poulet et de la souris. La non-expression de *Shh* et *Nodal* induit l'expression de *Pitx2,* tandis que l'inhibition du signal de l'*activine* la bloque. La non-expression de *Pitx2* altère la position relative des organes et le sens de rotation du corps chez les embryons de *Xenopus* et du poulet. Chez la souris, les changements d'expression de *Pitx2* ont des effets latéraux évidents. Son expression commence au début de l'organogenèse et se maintient durant toute l'embryogenèse. Il semble donc que *Pitx2* exprimé asymétriquement dans la plaque mésodermique latérale serve de cible privilégiée de transcription gouvernant la symétrie droite-gauche des vertébrés. L'origine de la torsion des gastéropodes dont nous venons de parler plus haut est peut-être liée à ce même gène.

9.3.9 – *Comment se forment les pattes des Tétrapodes ?*

Depuis la découverte des premiers tétrapodes dans des niveaux d'âge Dévonien supérieur (vers 370 Ma), les paléontologistes ont essayé, à partir des restes fossiles, de comprendre comment les doigts étaient apparus, et les hypothèses furent nombreuses.

On sait maintenant que les gènes *Hox* chez tous les tétrapodes [240-243,255,256] sont indispensables à la formation des membres qui se construisent toujours en trois phases successives : (I) l'humérus et le fémur apparaissent en premier, (II) le radius et le cubitus de même que le tibia et le péroné en second, puis (III) la main et le pied en dernier.

Qu'en est-il chez les poissons ? Chez le poisson-zèbre, les phases I et II du développement des membres pairs sont similaires à celles des tétrapodes ; en revanche, la phase III n'apparaît pas. On peut donc considérer cette 3e phase, c'est-à-dire l'apparition de la main et du pied, comme une innovation morphologique fondamentale, une apomorphie des tétrapodes. Les connaissances acquises ces dernières années dans le domaine de la biologie du développement permettent de proposer une solution embryologique au passage de la nageoire à la patte. Chez les poissons sarcoptérygiens, les membres pairs s'articulent par un seul os sur les ceintures scapulaire et pelvienne ; ces membres ont aussi un axe endosquelettique segmenté. L'étude des formes fossiles (puisque le cœlacanthe est le seul représentant actuel) montre que ce sont les fémur et humérus qui apparaissent en premier, probablement vers le Silurien supérieur, suivit par la phase II et enfin la phase III au Dévonien supérieur.

Les études embryologiques montrent que la succession événementielle suivante est placée sous le contrôle des gènes régulateurs *Hoxd-9/13*. Dans la phase I, les gènes *Hoxd-9 et 10* s'expriment dans la totalité du bourgeon du membre jusqu'à ce que le premier élément de la patte soit formé. La phase II est déclenchée par les gènes *Hoxd-11 et 12*. La phase III débute en dernier lorsque le gène *Hoxd-13* agit dans le bourgeon terminal.

Dans ce cas, il y a concordance entre la succession ontogénétique et la succession historique : l'ontogenèse récapitule vraiment la phylogenèse. En ce qui concerne les membres, le passage des poissons aux tétrapodes se traduit donc par l'acquisition de la nouvelle phase III, qui permet le développement des pieds et des mains. L'histoire paléontologique semble montrer que cette potentialité ne s'est exprimée qu'une seule fois, mais qu'elle a été gardée et amplifiée. Dans ce cas, c'est l'organe qui va permettre la fonction ! Ce qui pose le problème de l'adaptation de ces organes.

Les mutations de ces gènes sont capables d'enclencher des hétérochronies du développement. Une mutation du gène *Hoxd-13* peut inhiber la formation des 2e phalanges, voire même la disparition totale des doigts et déterminer ainsi une véritable *décélération* ou *hypomorphose* du développement[256].

Il est intéressant de noter que certaines mutations connues des gènes *Hoxa-13* ou *Hoxd-13* expliquent simplement les anomalies digitales obervées chez les primates et l'homme en particulier. Par exemple, le potto d'Afrique occidentale *(Perodictus)* a une main avec un index rudimentaire qui lui permet d'opposer ses doigts, et un pied avec une griffe unique sur le deuxième orteil, caractéristique des prosimiens[257]. Schultz nous rapporte[258] que les singes à queue *(Cercopithecus)* ont les premiers doigts très courts, donc opposés, à l'exception des pouces des guérézas réduits à des vestiges inutiles. L'aye-aye *(Daubentonia)*, lui, est un primate qui a un troisième doigt très long et fin qu'il utilise pour attraper les insectes sous les écorces. Le langur *(Presbytis)* a un pouce très réduit, tandis que chez l'atèle *(Ateles)* et le colobe *(Colobus)* le pouce a complètement disparu. Le tarsier, grâce à deux os du tarse très allongés, peut faire des sauts de 1,20 m à 1,80 m alors qu'il n'est pas plus grand qu'un écureuil. Schultz a également décrit les malformations digitales des gibbons[258], où l'on retrouve les réductions de doigts et les polydactylies produites par les mutations connues[243] des gènes *Hoxa-13* et *Hoxd-13* et sans doute des gènes *Hoxd-11* pour le tarsier.

Il est intéressant de considérer aussi le cas des sauriens serpentiformes, les orvets *(Anguis fragilis)*, qui ont perdu leurs membres. Reynaud et son équipe ont montré en

1998 qu'il y avait une corrélation entre la multiplication du nombre des somites, correspondant à celui des vertèbres et la réduction des membres. Pour former un membre, les somites envoient des prolongements ventraux dans le territoire concerné et libèrent un facteur de croissance fibroblastique qui induit une ébauche par une forte prolifération cellulaire et l'expression des gènes *Hox*. Or chez les orvets, les embryons s'allongent très vite en multipliant les somites (activation des gènes des organes axiaux ?) qui, trop nombreux, ne produisent plus de prolongements et en l'absence de facteurs de croissance les membres disparaissent. Cette réduction des membres est commune chez les serpents, à l'exception des boas et des pythons qui ont des vestiges de membres postérieurs.

Toutes ces caractéristiques qui étaient considérées comme le résultat d'adaptations graduelles particulières remettent en cause le phénomène adaptatif ; c'est plutôt la formation de l'organe qui permet une nouvelle fonction. On peut se poser judicieusement la question sur la signification de la main à cinq doigts (pentadactylie) des mammifères en termes d'adaptation et d'avantage sélectif. Surtout que l'un des plus anciens tétrapodes, *Acanthostega,* avait huit doigts aux membres antérieurs, des palettes rigides à l'arrière et vivait comme un poisson avec un appareil branchial fonctionnel, que*Turlepeton* avait six doigts et que certains amphibiens en ont conservé quatre aux membres antérieurs. Hérault et Duboule[243] ont montré que le nombre de doigts implique le gène *Sonic Hedghog Shh,* et semble seulement être une conséquence secondaire associée à la structure générale du tube digestif et du système nerveux central, mais n'est certainement pas le résultat d'un processus adaptatif graduel. Que signifie l'adaptation dans ce cas ? Nous y reviendrons plus loin.

9.3.10 – *Les rythmes biologiques*

Les *rythmes biologiques circadiens* et *saisonniers* qui existent dans la plupart des systèmes biologiques, des champignons à l'homme, sont contrôlés par l'alternance lumière-obscurité et des gènes de régulation[259].

Des *molécules horloges* ont été isolées dans de nombreux organismes depuis le champignon *Neurospora* à la drosophile et aux souris. La première horloge a été identifiée chez les hamsters à la suite d'une mutation fortuite *tau*. Les animaux qui possèdent ce gène muté ont une période d'activité longue de vingt-deux heures et ceux qui portent une double mutation ont une période réduite à vingt heures.

Chez *Neurospora,* le gène *frq (fréquency)* semble être l'élément central de l'oscillateur qui montre un pic de fonctionnement le matin. Si un de ces gènes est exprimé à une mauvaise heure, il peut abolir le rythme de *conidiation* lié à la reproduction. Il est intéressant de noter que la température régule le choix des codons utilisés dans la transcription de l'ARN messager en protéines, ce qui montre une fois de plus le contrôle de l'environnement sur le gène thermosensible *frequency (frq)* qui gère la rythmicité.

Chez la drosophile, il y a deux gènes impliqués dans la *fonction horloge,* les gènes *period (per)* et *timeless (tim)* mis en évidence lors de mutations qui suppriment cette fonction horloge, peut-être par bloquage de la phosphorylation de la protéine *Per*. La protéine *Tim* semble réguler la protéine *Per* qui contient un domaine particulier indispensable à la fonction horloge. Chez la souris, deux gènes *Per1* et *Per2* sont exprimés dans le cerveau et leurs protéines réagissent avec le gène *Clock*. Une mutation du gène *Per1* dans la protéine horloge *Clock* altère considérablement le rythme circadien et introduit une anomalie de locomotion. Mais la compréhension des mécanismes à l'œuvre dans ces fonctions si importantes pour la physiologie des organismes en est seulement à ses débuts.

Chez les vertébrés, les horloges qui contrôlent ces rythmes sont des cellules aux propriétés oscillatoires localisées dans des aires bien précises du système nerveux. Par exemple, la glande pinéale des poissons, des reptiles et des oiseaux renferme des cellules photosensibles qui présentent des propriétés oscillatoires contrôlant la production circadienne des hormones. Chez les mammifères, l'horloge se situe dans l'hypothalamus antérieur du cerveau, dans le nœud suprachiasmatique qui contient environ 10 000 neurones minuscules sécrétant des neuropeptides (comme l'hormone vasopressine) avec une rythmicité circadienne. Ils envoient aussi des signaux rythmiques à la glande pinéale qui les transforme en une production hormonale cyclique de mélatonine. Chez les mammifères, les cellules de la rétine semblent jouer le rôle de couplage entre les cycles lumière-obscurité et les rythmes circadiens.

Depuis Aristote, on a identifié chez l'homme l'existence d'un rythme de sept ans dans le développement[190]. Gasser *et al.*[260] ont montré que la croissance des membres cessait environ vers vingt ans et que cette période était divisée en trois phases d'environ sept ans chacune chez les garçons, la croissance des filles étant légèrement accélérée. Ils ont en outre observé une différenciation intéressante entre la croissance des bras, des jambes et du tronc qui ne culmine pas au même moment, mais selon une séquence céphalocaudale, alors que la croissance pubienne suit un ordre inverse caudocéphalique. En résumé, il semble que, durant les sept premières années, les proportions globales du corps sont dominées par une direction céphalocaudale, les accélérations partant de la tête vers le pôle caudal. La deuxième période est caractérisée par un équilibre entre les deux pôles, en revanche, durant la troisième phase de sept ans, cette tendance est inversée, l'accélération de la croissance partant du pôle caudal et se développant en direction céphalique. Seuls les changements de proportions entre les membres ne suivent pas ces diverses tendances, mais majoritairement le motif caudocéphalique. De même, la concentration du phosphate de calcium dans le sang semble suivre une périodicité de sept ans, caractéristique qui pourrait expliquer la faible minéralisation de certains os et l'absence des os péniens et cardiaques chez l'homme, alors qu'ils sont présents chez le chimpanzé ; un phénomène interprété comme une décélération[260].

9.4 – L'évolution des gènes *Hox*

Les gènes *Hox* peuvent évoluer au travers de six mécanismes génétiques distincts, respectivement par :

1. L'accroissement de leur diversité structurale au sein d'un complexe de gènes, avec la question à résoudre : quand sont donc apparus les gènes *lab, pb, Dfd, Src, Antp, Ubx, Abd-A* et *Abd-B* ?

2. L'accroissement du nombre de gènes *Hox* dans une classe donnée, par exemple la duplication en tandem de nombreux gènes identiques à *Abd-B,* qui donne les gènes paralogues *Hox 9-13* chez les vertébrés. Les vertébrés possèdent quatre *homéoboîtes* ou *bouquet d'Hox* désignés par les lettres A, B, C et D disposés sur des chromosomes différents ; chaque bouquet ayant un nombre distinct de gènes *Hox*.

3. La multiplication du nombre de complexes de gènes.

4. La perte d'un ou plusieurs gènes *Hox*.

5. Un changement dans leur position (migration du domaine d'expression des gènes *Hox* entre les crustacés et les insectes) ou dans la chronologie de leur expression (hétérochronie d'expression). De même, dans l'axe des vertébrés, il y a eu des migrations de domaines de gène *Hox* en parallèle avec l'anatomie vertébrale, mais de façon

indépendante du nombre de vertèbres ; par exemple, les gènes *Hoxc-5* sont exprimés au niveau des membres antérieurs se formant au niveau des somites 17-18.

6. Des changements dans les interactions régulatrices entre les protéines *Hox* et leurs cellules cibles. Certains gènes perdent leur pouvoir de transcription ; on les appelle alors *pseudogènes*.

On commence à esquisser l'évolution globale des gènes Hox [244,261,262]. Chez la drosophile, on a une seule séquence de gènes *Hox* qui se retrouve chez l'ancêtre commun des cordés et l'*Amphioxus*, avec treize gènes alignés, mais cette séquence semble s'être dupliquée en un bouquet *(cluster)* de quatre séquences (A à D), soit 52 gènes, sur différents chromosomes accompagnant la disparité des plans d'organisation pendant l'évolution des vertébrés. Il semble qu'il y ait eu une duplication de gènes *Hox* entre les céphalocordés *(Amphioxus)* et les vertébrés sans mâchoire et une autre duplication entre ces derniers et les vertébrés à mâchoires [232] ; par exemple, le poisson-zèbre [244] a un bouquet de six séquences et a donc subi deux duplications supplémentaires. Les duplications D et A qui sont les plus détériorées seraient les plus anciennes ; B et C seraient plus récentes.

Dans certains groupes, on constate la perte de gènes ou leur inactivation en *pseudogènes*. On peut se demander si la disparition des membres des serpents et d'éléments crânio-faciaux comme les oreilles ne seraient pas due à une perte de gènes *Hox* [233,235] ?

Malheureusement, les gènes *Hox* n'expliquent pas toutes les structures, notamment pas la formation de la tête des vertébrés [237,238]. Les gènes *Hox* interviennent uniquement dans la partie la plus postérieure du crâne et la région des arcs branchiaux ; la partie antérieure reste sous le contrôle exclusif de la crête neurale. Les gènes *Hox1-3* sont exprimés dans l'arrière-crâne et les somites occipitaux, tandis que l'expression des gènes *Hox-4* se limite à la vertèbre cervicale antérieure. On peut dire que le crâne échappe ainsi à la structuration métamérisée en somites de la partie moyenne et arrière de l'embryon. Cette liberté sera exploitée chez les mammifères.

9.5 – Les mutations des gènes *Hox* remettent en cause l'adaptation progressive

L'un des slogans les plus forts du stade *synthétique* de la théorie de l'évolution était celui forgé par Fisher[7] selon lequel *l'adaptation est le moteur de l'évolution*. A cette époque, on concevait l'adaptation comme le résultat de petites mutations apparues au hasard et retenues par la sélection naturelle opérant graduellement, génération après génération. La découverte des mutations produisant des innovations, des gènes de régulation et des hétérochronies modifiant les structures les plus fondamentales de l'organisme implique une réflexion sur le sujet. Nous avons déjà évoqué la signification de la main à cinq doigts, conséquence secondaire de la modification d'un gène manifestement pléiotropique. Il semble désormais évident qu'il faut nuancer l'interprétation néodarwinienne en distinguant le *processus* et le *résultat final*.

9.5.1 – Exaptation

Gould et Vrba[131] ont déjà abordé le problème dans le domaine de la paléontologie en montrant que le terme *adaptation* recouvrait des phénomènes très différents. Rappelons qu'*un caractère est considéré comme adapté s'il a été construit par la sélection naturelle pour la fonction qu'il accomplit ou s'il améliore l'ajustement avec l'environnement*. Gould et Vrba ont introduit le nouveau terme d'*exaptation* qui signifie qu'un caractère ayant une première fonction particulière est utilisé ultérieurement pour une nouvelle fonction, ou éventuellement qu'un caractère qui n'avait pas de fonction évidente se trouve utilisé *a posteriori* pour un usage singulier imprévu. L'un des exemples les plus classiques de l'exaptation est celui des plumes des oiseaux, correspondant, semble-t-il, à une première *adaptation* à la régulation thermique (thermorégulation) et utilisée ensuite seulement pour une nouvelle fonction, celle du vol ; là réside l'*exaptation*.

9.5.2 – *Graduaptation et saltaptation*

L'apparition des nouvelles structures par le biais des homéogènes remet en cause le processus adaptatif conçu comme graduel puisque la nouvelle structure apparaît par un saut brusque. Nous avons vu qu'une nouvelle structure permettait d'emblée une nouvelle fonction. La sélection naturelle ne forge plus le caractère par des choix successifs, mais semble intervenir uniquement *a posteriori* pour accepter ou non le nouveau caractère apparu par une mutation d'un gène régulateur. L'action du milieu semble seconde dans le phénomène, comme une contrainte limitative des changements embryologiques.

S'agit-il encore d'une adaptation ? Ce terme, qui désigne tantôt un processus graduel dans le stade *synthétique* de la théorie, tantôt un état final, une morphologie sélectionnée quelle que soit son origine graduelle ou saltatoire, mérite d'être redéfini.

L'apparition brutale de nouvelles structures entraîne *de facto* de nouvelles adaptations, nous ramenant à un concept resté assez confus, celui de la *pré-adaptation*. Cette notion signifie que l'adaptation est programmée puisque le caractère permet d'emblée de nouvelles fonctions ou la conquête de nouvelles niches écologiques. Le terme *pré-adaptation* qui rejette l'adaptation graduelle est entaché d'une connotation finaliste supposant un plan évolutif préétabli ; il doit donc être exclu du discours évolutionniste pour ne pas prêter à confusion.

Pour éviter toute ambiguïté, je propose d'utiliser deux nouveaux termes impliquant le processus adaptatif sous-jacent : celui de *graduaptation* pour les adaptations se réalisant graduellement sous la pression de la sélection naturelle, et celui de *saltaptation* pour les caractères acquis brutalement par la mécanique saltatoire des mutations et qui sont conservés par la sélection naturelle. L'accroissement graduel de l'hypsodontie chez les rongeurs est une *graduaptation* et la bipédie humaine acquise, semble-t-il, par une restructuration crânienne résultant d'une hypomorphose, une *saltaptation*. La main à cinq doigts est aussi une saltaptation.

En fait, les organismes sont aptes ou inaptes à survivre dans un environnement donné, et ce sont les contraintes physiologiques qui limitent le plus souvent les conditions de la survie. Par exemple, les insectes, les campagnols, les ours, les cerfs et les hommes vivent dans la forêt avec des structures différentes ; dire qu'ils sont adaptés revient à reconnaître leur simple compatibilité avec l'environnement.

9.6 – Comment une innovation peut-elle se maintenir ?

Reste une question majeure encore non abordée : comment un changement micro-évolutif ou macro-évolutif peut-il apparaître et se maintenir dans une population ? Un scénario évolutif intégrant toutes les données sur la formation des espèces peut être proposé.

On sait depuis les travaux de Mayr[11] que les nouvelles espèces apparaissent de préférence dans les petites populations marginales des espèces, là où elles se trouvent dans les conditions limites de l'espèce, en bordure de la niche écologique où les paramètres de l'environnement se modifient. C'est ce que Mayr a appelé la *spéciation péripatrique*[11]. En effet, dans les populations marginales les effectifs sont souvent réduits, ce qui conduit à une forte *consanguinité* et permet à la *dérive génétique,* cette variation aléatoire de la fréquence des gènes, de faire varier rapidement le génome en fixant ou en éliminant certains génotypes.

Supposons la formation d'une mutation majeure non létale touchant un gène de régulation important, qui se traduit sur le plan morphologique par l'apparition d'une nouvelle structure, par exemple le blocage permanent du trou occipital en position inférieure chez les premiers australopithèques leur imposant une bipédie permanente. Pour que le caractère se répande dans la population, il doit passer d'un état hétérozygote (touchant un seul allèle du gène) à l'état homozygote (touchant les deux allèles du gène) pour être fixé définitivement. Ce passage à l'état homozygote peut se faire rapidement, en fonction de l'avantage sélectif que lui procure l'innovation. Dans le cas de la bipédie, il semble évident que cette nouvelle caractéristique donnant au premier australopithèque la station droite permanente, alors que les autres restaient encore quadrupèdes, a dû lui donner un avantage immédiat sur ses congénères et en faire un mâle ou une femelle dominant. On sait que dans les petites populations de primates, les mâles et les femelles dominants se reproduisent de façon privilégiée avec les autres membres de la troupe et favoriseront donc le passage de l'état hétérozygote à l'état homozygote en une ou deux générations. Lorsque la nouvelle structure est fixée, elle peut donner naissance à une nouvelle espèce. Dans le cas des australopithèques, cette spéciation a dû être renforcée par le fait que la bipédie s'accompagnait d'une augmentation de la capacité crânienne. Si le nouveau caractère est au pire *neutre* au point de vue sélectif, il se répandra facilement dans la population et atteindra rapidement le stade homozygote. Avantage immédiat ou au minimum neutralité sont indispensables pour empêcher la population novatrice d'être décimée par la sélection naturelle.

Après avoir analysé les remises en cause du *stade synthétique,* les nouveaux aspects de la génétique et du développement, les nouveaux concepts, faisons maintenant le point sur l'état actuel de la théorie de l'évolution.

Chapitre 10

DU STADE *SYNTHÉTIQUE* AU STADE
DES *HORLOGES DU VIVANT*

Depuis sa formulation *transformiste* par J.-B. de Lamarck en 1809, les progrès réalisés dans la compréhension du phénomène évolutif sont considérables. Tout d'abord, cinquante ans après, la nouvelle formulation de la *théorie de la descendance avec transformation sous l'action de la sélection naturelle* de Darwin et Wallace a apporté un véritable mécanisme évolutif d'interaction entre les organismes et l'environnement. Dans les années 1900-1910, la redécouverte des lois de l'hérédité de Mendel et les mutations ont fait leur entrée dans l'évolution, ce qui a entraîné l'essor de la génétique des populations. Cette nouvelle démarche, confrontée aux données de la biologie et de la paléontologie, a abouti, dans les années 1940, au stade *synthétique* de la théorie évolutive. Depuis cette époque, les sciences de la vie et de la terre ont fait de grandes avancées technologiques qui ont remis en cause bien des idées en cours. Les reformulations déclenchent périodiquement des polémiques virulentes en raison de leurs implications non seulement scientifiques, mais aussi philosophiques, religieuses et sociales. C'est ce qui arrive de nos jours avec la nécessité de reformulation du stade *synthétique* aujourd'hui vivement décrié dans une petite fronde anti-néodarwiniste [16-19,263-265]. Les contestations scientifiques sont justifiées et exprimées dans des publications scientifiques de haut niveau. Les détracteurs philosophiques ou religieux du néodarwinisme tentent d'exploiter ces critiques au mieux, mais manifestent une telle méconnaissance des données récentes sur les plans biologiques et paléontologiques que leurs arguments d'autorité assenés avec assurance ne peuvent convaincre le scientifique, mais peuvent malheureusement abuser le grand public moins bien informé. L'un des objectifs de cet ouvrage est de permettre à ce grand public de faire le point objectif sur les avancées scientifiques et de se forger une idée personnelle sur la théorie de l'évolution.

10.1 – Les remises en cause scientifiques du stade *synthétique* de la théorie

Rappelons tout d'abord que le stade *synthétique* de la théorie affirme globalement que le changement évolutif résulte de l'accumulation graduelle des mutations triées par la sélection naturelle qui adaptent l'organisme à son environnement et induisent sur de longues durées des changements pouvant atteindre les plus hauts rangs de la systématique. Un mécanisme qui se résume par la formule : *l'adaptation est le moteur de l'évolution*[7].

Le stade *synthétique* de la théorie repose sur quelques concepts majeurs qui ont fait l'objet de colloques, de critiques et de reformulations. La discussion scientifique porte aujourd'hui sur une dizaine de grands problèmes, respectivement, la génétique, le hasard, les rôles respectifs du gradualisme et du ponctualisme, le rôle de la sélection naturelle, la hiérarchie du vivant, les chaînons manquants, la mécanique évolutive, la micro-évolution et la macro-évolution et, enfin, celui de l'adaptation. Faisons la synthèse de ces remises en cause.

10.1.1 – *La nouvelle génétique*

La découverte de la structure de l'ADN avec ses quatre bases (Adénine, Thymine, Cytosine et Guanine) formant les longues séquences des gènes a révolutionné la génétique. Si l'on savait comment se faisait la répartition des caractères selon les lois décryptées par Mendel, on pensait aussi que les changements évolutifs résultaient de l'accumulation de petites mutations qui, grâce à la sélection naturelle, étaient triées toujours dans le même sens selon une seule tendance et conduisaient à l'adaptation fine de l'organisme avec son environnement. Cette conception n'était pas satisfaisante car elle expliquait difficilement la formation d'organes aussi complexes que l'œil d'un vertébré, le passage d'une structure d'insecte à celle d'un vertébré, l'évolution de la structure d'un membre ou l'apparition brutale dans les archives paléontologiques de nouvelles structures sans intermédiaire. Pour des biologistes comme Vandel ou Grassé[132-134], cela faisait beaucoup trop de mutations, de hasard et de sélection. On connaît mieux aujourd'hui ce que recouvre le terme de mutation, beaucoup plus complexe que ce que l'on imaginait, et l'on a fait la distinction entre plusieurs catégories de gènes, les gènes de structure et les gènes de régulation. On commence à pouvoir détecter le rôle d'un certain nombre de gènes constituant le génome, mais on est encore très loin d'avoir identifié le rôle des 100 000 gènes qui constitueraient notre patrimoine génétique humain.

Les gènes architectes et commutateurs, insoupçonnés il y a une dizaine d'années, constituent sans doute la plus grande découverte de cette fin de siècle. Les effets de ces petits sauts, ou saltations, que constituent les mutations, sont souvent très amplifiés par les hétérochronies et peuvent toucher tous les niveaux d'organisation du vivant, de la simple molécule au plan d'organisation. C'est une merveilleuse mécanique économique et efficace...

Mais cette magnifique machine du changement évolutif a cependant un très lourd tribut à payer, celui du fardeau génétique des anomalies tératologiques du développement que la sélection naturelle élimine dans les espèces animales, mais que l'homme, refusant cette sélection naturelle sauvage, doit prendre en charge dans l'espèce humaine[208].

10.1.2 – *Le hasard revisité*

Le rôle du hasard est un autre sujet de discussion important qui a sans aucun doute été surévalué dans le stade *synthétique* de la théorie pour expliquer la formation et l'évolution des organes parce que l'on ignorait les mécanismes moléculaires de la génétique et du développement.

On ne peut reprocher à Monod[136] d'avoir affirmé avec force que toute l'innovation résulte des mutations se faisant au hasard ; il avait et a toujours raison. Mais il a peut-être donné au hasard un rôle trop exclusif. Il ignorait en effet la part du développement que l'on appelle *épigénétique,* parce qu'il n'est pas déterminé avec précision par le patrimoine génétique, notamment les stades tardifs de l'ontogenèse. En outre, s'il considérait le hasard comme l'élément tout puissant présidant à l'apparition des mutations, il ne savait pas que ce hasard n'était pas absolu. On sait aujourd'hui que le hasard est déterminé par plusieurs facteurs, au minimum par la rencontre de deux séries aléatoires indépendantes selon la définition de Cournot.

Tout d'abord, le hasard est limité par le fait que les mutations interviennent dans le cadre restreint des quatre bases A, T, C, G, constituant la molécule d'ADN et dans la succession des séquences des gènes, par des additions ou délétions de bases qui déplacent plus ou moins leur cadre de lecture.

En outre, le hasard dépend paradoxalement de l'ampleur morphologique de l'effet des mutations. Les données génétiques réduites de l'époque laissaient en effet penser qu'il y avait une relation directe, une liaison linéaire, entre les mutations et l'ampleur des changements morphologiques qui en résultaient. Ainsi, une petite modification morphologique était associée à une simple mutation ponctuelle, un grand changement à des milliers, voire à des millions, de mutations triées constamment par l'implacable sélection naturelle qui assurait la direction de l'évolution adaptative. Il fallait donc une très grande série de hasards pour expliquer les changements évolutifs majeurs ; une série si grande qu'elle défiait l'idée même du hasard. On sait aujourd'hui que cette multitude de mutations et de hasards n'est pas nécessaire puisque des modifications considérables de plan d'organisation, de symétrie ou d'organes semblent résulter d'un seul ou de quelques homéogènes mutés. Le champ du hasard s'est donc considérablement restreint, mais il est là, cependant, obligatoire en raison de la mécanique faillible de réplication de l'ADN. Le hasard est une mesure des degrés de liberté du vivant.

On peut dire que le hasard est contraint par la structure même du vivant. Les mutations ne se font pas n'importe comment, ni n'importe où. Tout n'est pas possible dans l'évolution. On peut dire aujourd'hui que le hasard est remis à sa place et son rôle est désormais mieux compris.

10.1.3 – *Gradualisme et ponctualisme*

Une autre critique contre le néodarwinisme porte sur le problème du gradualisme et du ponctualisme. Il s'agit là d'un vieux débat qui resurgit périodiquement[108]. Le stade *synthétique* a intégré sans la modifier la conception de Darwin pour qui toute évolution était obligatoirement graduelle en raison de la sélection naturelle agissant génération après génération. Or la paléontologie montre qu'il y a dans les archives paléontologiques à la fois des phases de saut, des phases d'évolution graduelle et des phases de stases morphologiques.

Il semble désormais que seuls un saut significatif, une discontinuité apparue par mutation, une innovation à n'importe quel niveau d'organisation paraissent pouvoir introduire un *isolement reproductif* créateur d'une nouvelle espèce biologique avec un nouveau patrimoine génétique. Mais cela ne veut pas dire que le gradualisme n'existe pas ; ce qui semble clair, c'est qu'il n'intervient pas ou peu dans la spéciation proprement dite.

L'évolution graduelle ou *sérielle* existe réellement ; c'est une modalité évolutive qui se manisfeste après la formation de l'espèce, exclusivement pendant sa durée de vie plus ou moins longue[110]. Il semble que le gradualisme constitue une mécanique d'ajustement simple, d'un ou plusieurs caractères à un environnement donné ; c'est là que réside la véritable adaptation au sens darwinien. Cette évolution graduelle est sans doute liée à des *gènes chrono-labiles* encore non identifiés qui ont la particularité de pouvoir renforcer un caractère dans la dimension temporelle sous l'action de la sélection naturelle qui doit jouer ici un rôle primordial. Il y a donc à la fois du ponctualisme dans la formation des espèces et du gradualisme dans l'évolution intraspécifique. C'est pourquoi, nous avons vu que le modèle des *équilibres ponctués* de Gould et Eldredge, fondé exclusivement sur la stase, doit être complété par l'intégration des modalités du gradualisme et des variations écophénotypiques en un modèle beaucoup plus complet, celui des *équilibres et déséquilibres ponctués*.

Remarquons que le ponctualisme et le gradualisme sont des modalités qui interviennent à des niveaux d'organisation différents. Il s'agit là d'un véritable *problème d'échelle* totalement ignoré dans le stade *synthétique* de la théorie évolutive, celui du nouveau concept de la *hiérarchie ascendante du vivant*.

10.1.4 – *Les échelles du vivant*

La plupart des incompréhensions concernant la théorie de l'évolution viennent du fait que les auteurs dissertent sur des niveaux d'organisation différents et généralisent leurs conclusions à l'ensemble de la théorie. Le vivant est organisé selon une *hiérarchie ascendante* de niveaux d'intégration de plus en plus élevés et de plus en plus complexes qui concernent tout d'abord la formation des individus, depuis les bases, les gènes, chromosomes, cellules, organes jusqu'aux organismes, et au-delà les groupements d'individus en populations, puis en espèces, en biomes, jusqu'à la constitution de l'ensemble de la biophère. Les modifications qui interviennent à chaque niveau peuvent être *couplées* ou largement *découplées* et l'on comprend pourquoi les propriétés qui apparaissent à un niveau ne sont pas forcément prévisibles par l'analyse du niveau sous-jacent lorsqu'elles sont découplées. Par exemple, la divergence génétique dans l'évolution des hominidés est découplée de celle de la morphologie considérablement amplifiée. La notion d'échelle est donc essentielle dans l'analyse des phénomènes. La conséquence en est que les conclusions concernant un niveau particulier d'organisation ne peuvent pas être généralisées ; c'est l'une des raisons du débat entre ponctualisme et gradualisme qui ne peut être tranché que dans le cas d'archives paléontologiques particulièrement fines[122].

Cette confusion est du même ordre que celle qui s'est développée au niveau de la structure de l'univers[266] (voir la *théorie de la relativité des échelles*). Le vivant comme l'univers est organisé en structures hiérarchisées ; ce sont les *échelles du vivant*.

10.1.5 – *Les chaînons manquants replacés à leur échelle*

Une critique formulée régulièrement contre la théorie de l'évolution par les créationnistes concerne le problème des *chaînons manquants* prévus par la conception gradualiste de Darwin. La théorie prédit en effet une multitude d'intermédiaires. Les anti-évolutionnistes essayent de faire croire qu'il n'existe pas de structures intermédiaires entre les divers plans d'organisation. Là encore il s'agit d'un problème d'échelles.

Nous avons vu que le gradualisme existe réellement à l'intérieur des espèces où les stades évolutifs intermédiaires ont souvent été identifiés et démontrés mathématiquement comme dans l'exemple des rats-taupiers[110,126]. Chaque intermédiaire est un *chaînon* au sein de ce que l'on appelle un *chronomorphocline,* une chaîne morphologique qui se déploie dans le temps.

Cependant, lorsqu'on analyse les niveaux supérieurs à l'espèce, les genres, les familles, les ordres et les embranchements, les intermédiaires graduels entre les espèces ou les plans d'organisation prévus par la théorie gradualiste à l'époque de Darwin ne sont pas obligatoires, puisque les mutations des gènes de régulation peuvent enclencher un saut morphologique majeur immédiat entre l'ancêtre et le descendant en une ou deux générations. Cette idée semble aller à l'encontre de l'existence des *chaînons manquants* et est exploitée par les créationnistes qui y voient un argument en faveur de la création indépendante. Cependant, et paradoxalement, les chaînons manquants existent bien ; ils correspondent à des espèces séparées par des discontinuités et intercalées entre deux espèces respectivement ancestrales et descendantes. Ici, encore, il faut se situer au bon niveau d'organisation, à la bonne échelle. Nous avons vu dans la lignée des hominidés les exemples des singes bipèdes australopithèques, *chaînons* entre l'ancêtre commun et l'homme archaïque et encore les diverses formes du genre *Homo* entre *Homo habilis, ergaster, erectus* et *neandertalensis* ; chaque espèce est un chaînon. On peut rappeler également le passage des reptiles mammaliens aux mammifères qui comporte de nombreuses formes mosaïques intermédiaires. Ce sont des chaînons, des intermédiaires qui ne *manquent* plus depuis qu'ils ont été découverts et identifiés. Mais il faut bien se rendre compte qu'ils sont séparés par les discontinuités qui accompagnent la formation des espèces. Ce sont des *chaînons* séparés par des sauts plus ou moins importants selon le niveau systématique concerné, très faibles entre individus d'un même chronomorphocline, plus importants entre espèces et encore plus grands entre les divers plans d'organisation. Ce terme de *chaînon manquant* a une forte connotation avec le darwinisme *sensu stricto* et le gradualisme qu'il impliquait et l'histoire des découvertes au XIXe siècle. Il est évident que s'il est *parlant* pour exprimer une succession évolutive, il n'a pas au point de vue scientifique une valeur explicative très importante ; il est donc préférable de l'abandonner.

10.1.6 – *Une mécanique évolutive souple et économique*

Une simple mutation peut changer un caractère, de multiples caractères, un ou plusieurs organes, une espèce en une autre, un plan d'organisation en un autre. Par rapport au stade *synthétique* où seules les mutations ayant de petits effets étaient considérées comme viables, le rôle des mutations a été reconsidéré et leurs résultats amplifiés, puisqu'on ne savait pas qu'elles pouvaient sans dommage restructurer l'organisme. La grande ampleur des effets des mutations homéotiques a été envisagée par Goldschmidt[52], mais non retenue à l'époque car contraire aux idées génétiques de l'époque.

On sait aujourd'hui qu'il y a des gènes de structure qui conditionnent la formation des protéines, et des gènes de régulation qui contrôlent le développement.

On a montré également que l'organisme se construit selon des *structures modulaires* indépendantes. Ainsi, le remplacement des écailles par des plumes chez les oiseaux se fait indépendamment de la formation du cœur. Il semble aussi que les innovations correspondent souvent à des remaniements de structures préexistantes par des changements de fonction des gènes impliqués. Ces résultats confortent ainsi l'idée de François Jacob, selon laquelle l'évolution résulte d'un vaste *bricolage*[96] qui modifie constamment les structures préexistantes par des remaniements variés, délétions ou adjonctions qui permettent parfois d'échapper aux contraintes de constructions qui sont, par définition, très coercitives. Il s'agit là d'une mécanique extrêmement souple et également très économique puisqu'elle n'implique pas les milliers, voire les millions, de mutations prévues, mais seulement quelques mutations précoces du développement.

Les altérations de la chronologie du développement décrites par la paléontologie avec les accélérations et décélérations, les raccourcissements et allongements de la période de croissance constituent une mécanique du changement morphologique qui accompagne l'évolution des espèces. Ces processus évolutifs, qui relient les deux niveaux majeurs de l'organisation hiérarchique du vivant que sont le programme génétique et la morphologie des individus, sont contrôlés en partie par des gènes de régulation du développement, les fameux gènes *Hox* et sans doute d'autres encore mal connus. Ces gènes architectes permettent de comprendre les grands changements morphologiques et le découplage entre génétique et morphologie, c'est-à-dire l'absence de liaison linéaire entre les deux niveaux.

Ces mécanismes évolutifs inédits apportent aujourd'hui une nouvelle clé de lecture de l'évolution, celle de véritables *horloges du vivant* qui interviennent tout au long du développement, à des moments précis, pendant des durées définies et à des rythmes variables.

10.1.7 – *Macro-évolution et micro-évolution*

Avec les hétérochronies et le déterminisme des homéogènes, on tient enfin une partie de la réponse aux paradoxes des grands changements morphologiques qui avaient posé tant de problèmes à Vandel[132] et Grassé[133-134].

Cette mécanique démontre clairement, d'une part, qu'il n'y a qu'une seule mécanique évolutive et que, d'autre part, de petites modifications du programme génétique peuvent avoir des conséquences morphologiques neutres, faibles, minorées ou considérablement amplifiées par les hétérochronies, sans faire intervenir ces *macromutations systémiques* hypothétiques nécessaires à l'apparition des *monstres prometteurs* de Goldschmidt[52].

La nouvelle mécanique montre que les mutations peuvent avoir des conséquences macro-évolutives ou micro-évolutives selon la chronologie de leur intervention dans le développement. Il n'y a donc pas opposition entre *micro-évolution* et *macro-évolution*. Tout dépend de la précocité des changements intervenant au niveau de l'ontogenèse puisque les caractères généraux apparaissent logiquement avant les caractères spécialisés, comme l'a observé von Baer au début du XIXe siècle. Quelle revanche pour Goldschmidt[52] si décrié, qui avait pressenti le problème insoluble à l'époque ; son message est venu trop tôt. Il n'y a qu'une seule mécanique contrôlée par des horloges qui peuvent se dérégler.

10.1.8 – *L'adaptation reconsidérée*

Considérée comme le moteur de l'évolution dans le stade *synthétique* de la théorie, il semble désormais évident que le concept d'adaptation doit être sérieusement rediscuté. En témoigne la distinction par Gould et Vrba entre l'*adaptation* au sens strict, linéaire et graduelle, et l'*exaptation*, correspondant au changement de fonction d'un organe. C'est le cas des plumes des oiseaux qui servaient préalablement de protection thermique avant d'être utilisées pour le vol[131].

Mais l'argument décisif concerne l'apparition des nouvelles structures par des mutations de gènes *Hox* ou des altérations chronologiques du développement qui, d'emblée, constituent de véritables nouvelles adaptations, ensuite soumises à la sélection naturelle qui les conserve ou les élimine selon les avantages qu'elles apportent à l'individu.

Les nouvelles notions développées dans ce livre de *graduaptation,* pour les adaptations se réalisant graduellement et linéairement sous la pression de la sélection naturelle à l'intérieur des espèces, et de *saltaptation,* pour les caractères acquis brutalement par la mécanique saltatoire des mutations et conservés ensuite par la sélection naturelle, peuvent permettre de mieux analyser la notion d'*adaptation* avec son large spectre de variantes de processus et de résultats.

Seules les *graduaptations* correspondent à l'adaptation telle qu'elle était conçue dans le stade *synthétique* et était considérée comme le moteur évolutif.

La notion de *saltaptation* correspond à l'apparition brutale de nouveaux caractères structuraux chez des individus que Goldschmidt[52] appelait ses *monstres prometteurs*. Cette nouvelle notion répond à la question de Hérault et Duboule[243] sur la signification de la main à cinq doigts (pentadactylie) des mammifères en termes d'adaptation. En effet, cette structure pentadactyle, qui implique le gène *Shh,* ne semble être qu'une conséquence secondaire associée à la structure générale du tube digestif et du système nerveux central. C'est le phénomène bien connu de *pléiotropie* où un gène contrôle plusieurs caractères. La structure pentadactyle ne résulte absolument pas d'un processus graduel sélectif. L'individu se retrouve avec une nouvelle structure qui lui permet de survivre si elle est neutre ou si elle lui donne un avantage immédiat, comme l'accès à une nouvelle fonction. Grâce à ces *saltaptations* du développement, comme l'apparition de la bipédie chez les australopithèques, les nouvelles espèces sont capables d'emblée de changer de niche écologique, ici de coloniser les savanes à acacias[89]. De même la métamorphose des axolotls ou l'apparition des membres des tétrapodes leur ont permis de survivre en milieu terrestre ou dans des mares qui s'asséchaient périodiquement. On peut aussi citer comme exemple le grand doigt médian de l'aye-aye de Madagascar considéré comme le résultat d'une adaptation graduelle pour attraper les insectes sous les écorces d'arbres, alors que les mutations des gènes *Hoxa-13* et *Hoxd-13*[243] suggèrent que cette morphologie est apparue par simple mutation et lui a permis cette nouvelle fonction. Autre cas spectaculaire d'innovation, les deux os du tarse très allongés du tarsier, un autre primate, qui lui permettent de faire des bonds de 1,80 m alors qu'il est de la taille d'un écureuil.

Ce n'est pas la fonction qui crée l'organe comme le pensait Lamarck, ce n'est pas l'adaptation qui forme l'organe comme l'estimait la théorie synthétique, mais c'est le nouvel organe apparu par mutation qui permet une nouvelle fonction ; à condition que la sélection naturelle lui donne son label de survie ! C'est un complet retournement de conception.

10.1.9 – *Le rôle de la sélection naturelle précisé*

Il est clair aujourd'hui que ce sont les mutations des gènes de régulation qui sont à l'origine des changements majeurs qui jalonnent l'histoire de la vie, notamment des plans d'organisation. Pour autant, cela ne veut pas dire que la sélection naturelle et l'adaptation graduelle d'une espèce à son environnement n'existent pas. Les changements de structure doivent être compatibles avec l'environnement. La sélection naturelle trie les effets de ces mutations aux effets spectaculaires.

Avec l'évolution graduelle, on a affaire à un autre phénomène touchant des caractères se mettant en place tardivement dans le développement. Ce sont les variations intraspécifiques de quelques caractères qui, orientées dans le temps et sous la pression des changements des paramètres de l'environnement, permettent une fine adéquation aux conditions extérieures.

C'est-à-dire que la sélection naturelle intervient de façon première dans l'évolution graduelle en agissant sur la variabilité des caractères et en position seconde après les saltaptations pour en tester la viabilité.

La sélection naturelle agirait donc de deux façons distinctes soit en façonnant les caractères comme un mécanisme, soit en triant et testant simplement les résultats des saltaptations, leur compatibilité avec l'environnement, en leur conférant un label de survie. Ici, à l'amont le génome propose, et à l'aval le milieu dispose…

10.2 – Le stade *synthétique* de la théorie est maintenant dépassé !

Si l'on fait le bilan de ces critiques du stade *synthétique* de la théorie, même en se limitant aux concepts majeurs comme ceux du mécanisme génétique graduel de l'accumulation des milliers ou millions de petites mutations triées en permanence par la sélection naturelle ou de l'adaptation, alors il est bien évident que l'explication néodarwinienne est incapable de justifier l'apparition brutale des innovations morphologiques ou la mise en place des grands plans d'organisation.

De nombreux concepts propres au stade *synthétique* de la théorie évolutive, tels qu'ils ont été formulés il y a plus de cinquante ans sont désormais caducs. On comprend donc pourquoi certains auteurs s'empressent de clamer haut et fort que le néodarwinisme est mort et enterré. Le stade *synthétique* de la théorie tel qu'il a été défini dans les années 1940 est effectivement défunt, mais comme les stades précédents de la théorie, pas plus, pas moins ! Il en reste un certain nombre d'idées majeures sur l'espèce, sa formation, ses variations, la génétique des populations, les modalités de l'évolution, qui doivent être intégrées dans une nouvelle étape de la théorie. L'inadéquation de certains aspects de la théorie ne signifie absolument pas que la théorie de l'évolution soit à rejeter dans son ensemble comme voudraient le faire croire un certain nombre de critiques à motivations créationnistes plus ou moins bien dissimulées. Le tort, à mon avis, a été de continuer à qualifier le stade *synthétique* de *néodarwinisme,* ce qui est en plus inexact, puisque ce terme concerne exclusivement la reconnaissance de la séparation des cellules germinales et somatiques par Weismann à la fin du siècle dernier. La connotation darwinienne a entretenu une confusion regrettable entre *darwinisme* (1859), *néodarwinisme* (1896/1937-1947) et une *évolution biologique* désormais bien prouvée[22,263-265].

10.3 – Vers un nouveau stade de la théorie de l'évolution, celui des *horloges du vivant* ?

Après les stades du *transformisme* (1809), du *darwinisme sensu stricto* (1859), du *mutationnisme* (1900) et *synthétique* (1940), la théorie de l'évolution arrive nécessairement à un nouveau stade de formulation. Nous avons analysé les remises en cause du stade *synthétique* de la théorie de l'évolution et nous avons constaté que les nouveaux concepts élaborés depuis les années 1940 apportent des réponses aux nombreux paradoxes restés sans réponse à l'époque. La redécouverte des altérations de la chronologie du développement qui constituent une mécanique simple, souple et économique du changement évolutif a marqué une étape importante en paléontologie, mais n'a pas suscité à l'époque le même intérêt chez les biologistes. C'est en découvrant la nouvelle catégorie des gènes architectes, les homéogènes (gènes *Hox*), qui contrôlent partiellement ces hétérochronies, que les généticiens du développement ont commencé à les prendre en compte.

En raison des nombreuses et prodigieuses découvertes faites depuis quelques années en biologie évolutive du développement qui renouvellent complètement notre vision de l'évolution, il est évident que le bricolage évolutif se réalise par une véritable mécanique horlogère et c'est pourquoi je propose de caractériser cette nouvelle étape de la théorie évolutionniste par le terme des *horloges du vivant*. Il s'agit d'une *nouvelle clé de lecture* de l'évolution.

10.4 – Les concepts évolutifs majeurs du nouveau stade de la théorie

Faisons maintenant l'inventaire explicite des nouveaux concepts qui ont émergé des remises en cause et qui doivent être intégrés dans cette nouvelle étape de la théorie de l'évolution.

10.4.1 – *La structure de l'ADN*

La structure de l'ADN, établie en 1953 par Watson, Crick et Wilkins, est la première ouverture sur la compréhension de la mécanique du changement évolutif avec la découverte de la structure de cette merveilleuse molécule à évoluer avec ses séquences constituées seulement par l'arrangement linéaire de quatre bases : A (Adénine), T (Thymine), C (Cytosine) et G (Guanine). Sans cette molécule, il n'y aurait pas d'évolution possible, seulement des copies, des duplications sans erreur. Or seules les erreurs entraînent des innovations, comme l'ont montré les mécanismes de réplication de la molécule d'ADN.

10.4.2 – *La réplication de l'ADN et les mutations*

La réplication analysée en détail pour la première fois en 1958 par Meselson et Stahl a montré que l'ADN se duplique par une division de la chaîne en deux parties qui se reconstituent selon la chimie de complémentarité des bases, élément par élément, d'un bout à l'autre des brins de la molécule, A venant en complément de T, T en complément de A, C en complément de G, et réciproquement.

Les erreurs qui interviennent fréquemment dans ces longues chaînes de bases (50 000 bases pour un seul gène) constituent les mutations aux conséquences extrêmement variées. On comprend dès lors aussi pourquoi le hasard qui préside aux mutations variées touchant les séquences de bases n'est pas un hasard absolu, mais un hasard contraint, encadré et limité par les seules possibilités des quatre bases constitutives A, T, C et G. Bien que formées par ces quatre éléments, l'extraordinaire longueur des séquences d'un génome comme celui de l'homme ou des singes supérieurs avec leurs trois milliards de paires de bases laisse entrevoir les énormes possibilités d'innovation portées par les programmes génétiques. Les erreurs que constituent les mutations sont donc à la base de l'évolution. En changeant le programme, les mutations modifient les constituants moléculaires, les protéines et leurs effets en chaîne sur la morphologie.

10.4.3 – *Le modèle de régulation du gène, l'opéron*

Le modèle de régulation du gène, l'opéron, découvert par Monod, Jacob et Lwoff en 1963, apportait une première explication sur le fonctionnement des gènes. En particulier, il permettait de comprendre comment une cellule pouvait contrôler la production des protéines dont elle avait besoin. Le modèle de régulation fonctionne en deux temps. Des répresseurs se fixent sur des opérateurs et les empêchent d'effectuer la transcription des séquences de bases en protéines. Mais, dans un deuxième temps, l'arrivée d'inducteurs libère les opérateurs et leur permet de transcrire les protéines nécessaires. C'est un processus simple et efficace qui évite l'engorgement des cellules en protéines dont elles n'auraient que faire. Ces mécanismes de régulation s'appliquent à de nombreux niveaux de fonctionnement des gènes. Mais il fallait comprendre les modalités de la transcription du message de l'ADN.

10.4.4 – *La mécanique de transcription du messager ARN*

La mécanique de transcription du messager ARN a été découverte par François Gros en étudiant les bactéries. Disposant du programme génétique, il fallait comprendre comment les informations portées par les séquences de bases pouvaient être transformées en protéines. Au moment de la transcription, un brin d'ADN (ou acide désoxyribonucléique) est converti en un brin complémentaire d'ARN (ou acide ribonucléique) par l'action d'une seule enzyme. Cet ARN est un *messager* car il sert d'intermédiaire entre l'ADN et la fabrication des protéines. Ensuite, la cellule traduit la séquence du *messager* en protéines. Cette traduction, phénomène *irréversible* et *unidirectionnel,* se réalise dans les organites appelés *ribosomes,* usines miniatures de transformation du message génétique en acides aminés constituant les protéines. Une seule exception est connue, celle de la transcriptase inverse chez les rétrovirus.

10.4.5 – *La transcriptase inverse*

Découverte par Temin et Baltimore, l'effet réversible a été observé chez les rétrovirus où la *transcriptase inverse* permet de transformer l'ARN en ADN. Cette transcriptase a fait espérer aux lamarckiens l'existence d'un mécanisme moléculaire qui permettrait de faire passer l'information des cellules somatiques aux cellules germinales ; malheureusement pour eux, cette mécanique reste limitée aux rétrovirus.

10.4.6 – *Le code génétique*

Le code génétique déchiffré par Ochoa-Manago et Nirenberg-Holley-Khorana découle à la fois de la structure des acides nucléiques (ADN et ARN messagers) et de la structure des acides aminés. Les protéines sont constituées par seulement vingt types d'acides aminés. Après la transcription de l'ADN en messager ARN, il fallait bien qu'il y ait une codification pour passer du message génétique aux protéines. C'est le fameux *code RNA* encore appelé *code génétique* universel qui fonctionne depuis les bactéries jusqu'aux mammifères. Son unicité implique que l'ensemble du monde vivant ait eu un seul ancêtre commun il y a 3,5 milliards d'années. Il y a 64 façons d'assembler les quatre bases A, T, C, G par groupes de trois (triplets ou codons) et comme les acides aminés sont au nombre de vingt, les quatre bases associées en codons forment le code des acides aminés.

10.4.7 – *Les gènes sauteurs ou transposons*

Les gènes sauteurs ou transposons de McClintock sont des fragments d'ADN qui, comme leur nom l'indique, sont mobiles. Ils pourraient intervenir lors des phénomènes de formation des espèces en provoquant des *mutations* et seraient l'une des causes des *remaniements chromosomiques*.

Ils pourraient également constituer une part importante des séquences répétées qui représentent de 30 à 40 % du génome des mammifères. On a pu montrer que les transposons pouvaient passer d'une espèce à une autre, d'un groupe à un autre ; par exemple, le gène sauteur *mariner* est passé des insectes aux nématodes. Certains *retroposons* ont des structures de *rétrovirus*. Ces transposons en emportant avec eux un bout d'ADN peuvent donc changer, en s'y intercalant, les séquences d'un programme génétique donné et peut-être contribuer ainsi de façon non négligeable à l'évolution des espèces.

10.4.8 – *Le neutralisme de certaines mutations*

Le neutralisme de certaines mutations démontré par Kimura suggère que beaucoup de mutations n'ont pas d'effet direct visible sur l'organisme. Si certaines mutations sont délétères et éliminées par la sélection naturelle, d'autres, avantageuses, sont sélectionnées, mais beaucoup d'entre elles semblent neutres et rester sans effet notable. L'intérêt de cette conception réside dans le fait que les mutations peuvent s'accumuler en grand nombre en toute neutralité dans le programme génétique, mais qu'à l'occasion de changements dans l'environnement l'effet neutre d'une mutation peut devenir un effet avantageux et être alors objet de la sélection.

10.4.9 – *Les altérations du développement*

Les altérations du développement mises en évidence en paléontologie et en biologie par Haeckel, Garstang, Bolk, Gould, Alberch, McNamara, Dommergues, Reilly et de nombreux autres spécialistes constituent certainement un concept central du nouveau stade de la théorie de l'évolution. La mécanique hétérochronique qui touche la chronologie du développement, tronqué (hypomorphose) ou allongé (hypermorphose), sa vitesse, décélérée ou accélérée, le moment plus précoce (pré-déplacé) ou plus tardif (post-déplacé) d'émission du signal d'induction de la formation d'un organe, permet de comprendre la logique du bricolage embryologique qui s'effectue entre un ancêtre et son descendant. Cette mécanique horlogère est une expression descriptive des changements morphologiques intervenant dans l'évolution, mais elle ne nous renseigne pas sur les processus sous-jacents de la génétique du développement contrôlés par les gènes de régulation.

10.4.10 – *Le modèle des gènes de régulation et les gènes Hox*

Britten et Davidson ont élaboré un modèle d'organisation fonctionnelle du programme génétique des organismes supérieurs. Ces auteurs considèrent l'existence de quatre types de gènes : les gènes de structure servent à former les protéines de l'espèce, les gènes régulateurs sont en relation avec des gènes intégrateurs eux-mêmes liés à des gènes récepteurs en prise directe avec des sondes branchées sur l'environnement. Ces gènes intégrateurs peuvent être les gènes thermo-activables qui établissent une relation directe entre le génome et la température de l'environnement. Parmi les gènes intégrateurs, il faut sans doute aussi placer les gènes commutateurs qui inhibent ou activent d'autres gènes ayant une fonction particulière. L'*opéron* de Monod, Jacob et Lwoff est un exemple particulier de cette régulation. On constate qu'il y a ici également une certaine hiérarchisation dans l'organisation propre du génome.

La plus grande innovation de cette fin de siècle en évolution, c'est sans aucun doute la mise en évidence du rôle des homéoboîtes et des gènes *Hox,* en particulier. Citer tous ceux qui ont contribué à cette connaissance devient impossible, compte tenu du développement extraordinaire de ces recherches, mais on se doit de nommer Lewis, Kaufman, Gehring, Carroll, McGinnis et Kuziora, de Robertis et Sasaï, Le Douarin, Chambon, Duboule, Meyer, Mark, Dollé, etc.

Ces gènes *Hox* correspondent à des séquences d'ADN très semblables codant des zones d'*homéodomaines*. Ces protéines, lorsqu'elles se fixent sur l'ADN dans une région de régulation du gène, sont capables d'activer ou d'inhiber le gène et donc de produire ou d'empêcher la fabrication d'une protéine. Les gènes *Hox* sont activés, puis dupliqués en ARN messagers qui contrôlent la synthèse des protéines *Hox,* l'identité et la position des cellules embryonnaires le long de l'axe tête-queue, dorso-ventralement ou dans les membres et, enfin, activent certaines cellules embryonnaires pendant un temps limité dans un emplacement déterminé.

Ce sont ces gènes qui font fonctionner la mécanique des horloges du vivant. Dérivant d'un complexe ancestral *Antennapedia* appartenant à un animal vermiforme qui vivait il y a plus de 600 000 millions d'années, les gènes *Hox* se sont diversifiés dans les différents groupes par des phénomènes de duplication, délétion ou inhibition (les gènes deviennent des *pseudogènes* non transcrits) et ont changé profondément les structures animales. Les gènes *Hox* ne font pas apparaître directement une nouvelle structure, mais en contrôlent l'élaboration. La compréhension détaillée de l'évolution passe par l'inventaire de ces gènes et celui de leurs effets.

10.4.11 – *L'utilisation de la méthode cladistique*

L'utilisation de la méthode cladistique définie par Hennig introduit plus de rigueur dans l'élaboration des relations de parenté entre les groupements aux divers niveaux d'organisation du vivant. Elle permet notamment de comparer les distances génétiques et morphologiques résultant de l'évolution et met ainsi en évidence les couplages et découplages de cette hiérarchie du vivant. La cladistique souffre d'un défaut structurel réducteur lié à l'utilisation de l'informatique ; c'est que, selon son langage, elle ne prévoit que des clades binaires, alors que dans la nature les espèces peuvent se diviser en un grand nombre de sous-espèces, trois, quatre, cinq ou plus. Ses logiciels devront donc être corrigés. En outre, elle s'applique seulement aux plus hauts niveaux de la systématique et est incapable d'intégrer la variabilité ou les variations graduelles temporelles des caractères d'une espèce.

10.4.12 – *Le modèle des équilibres et déséquilibres ponctués*

Le modèle des équilibres et déséquilibres ponctués que j'ai eu le plaisir de proposer pour compléter le modèle des *équilibres ponctués* établi par Eldredge et Gould a pour objectif de synthétiser les modalités de l'évolution observées dans les archives paléontologiques. Gould et Eldredge ont toujours affirmé une domination écrasante des stases sur le gradualisme dans l'évolution mais sans la tester quantitativement. Les données paléontologiques réelles montrent que les modalités évolutives doivent être nuancées selon les groupes étudiés et que le modèle de Gould et Eldredge est trop réducteur. Si les stases morphologiques existent effectivement chez les crustacés, les insectes et d'autres groupes, l'évolution graduelle ou sérielle irréversible est une modalité non négligeable chez les céphalopodes et les rongeurs. Il faut aussi considérer chez certains mollusques les variations écophénotypiques itératives réversibles qui permettent une adaptation souple dans un environnement fluctuant, sans changement de génome. Equilibres ou déséquilibres des espèces avec leurs environnements conditionnent leurs modalités d'évolution.

10.4.13 – *Graduaptation, saltaptation et exaptation*

Graduaptation, saltaptation et exaptation sont divers aspects de l'adaptation en général. L'introduction des termes de *graduaptation* et *saltaptation* est une contribution de ce livre. Les *graduaptations* correspondent aux adaptations se réalisant graduellement et linéairement sous la pression de la sélection naturelle à l'intérieur des espèces, conformément à l'idée d'adaptation du stade *synthétique*. Les *saltaptations,* au contraire, s'appliquent aux caractères acquis brutalement par la mécanique saltatoire des divers types de mutations des gènes *Hox* et conservés ensuite par la sélection naturelle. Le terme d'*exaptation* de Gould et Vrba explicite le fait qu'un caractère particulier peut changer de fonction au cours de l'histoire évolutive, comme les plumes des oiseaux par exemple, quel que soit son mécanisme d'apparition.

10.4.14 – *La hiérarchie d'organisation*

La hiérarchie d'organisation ébauchée par Milne-Edwards à la fin du siècle dernier, discutée par Gould, reprise et approfondie dans ce livre comme une idée centrale du nouveau stade évolutif, a des implications majeures. Cette organisation hiérarchique touche d'abord la structure même du vivant, depuis les bases jusqu'à la constitution de l'individu au travers de l'ontogenèse, et permet de comprendre pourquoi il y a des *couplages* et des *découplages* des divers niveaux d'organisation, notamment génétique et morphologique. Elle explique aussi la structuration écologique de la biosphère depuis ses composantes individuelles jusqu'aux biomes dont les réactions envers les changements de l'environnement sont souvent forts différentes. Elle explique aussi la diversification de la vie en des niveaux de complexité de plus en plus grands depuis les bactéries jusqu'aux mammifères, tout en sachant que la biodiversité varie en relation inverse de cette complexité, comme Gould l'a si brillamment montré. Cette hiérarchie d'organisation implique des études aux diverses *échelles* et permet de comprendre pourquoi des généralisations établies à partir d'un seul niveau d'organisation peuvent être erronées du fait des découplages possibles.

10.4.15 – *Disparité, décimation, biodiversité et extinction en masse*

Ces termes expriment deux aspects différents de la biosphère qui étaient confondus jusqu'à ce qu'ils aient été explicités par Gould. La *disparité* correspond à la multiplication des plans d'organisation, les *bauplans* ou *champs morphologiques,* au début des phases de *radiations,* notamment de celle du Cambrien où sont apparus les plans des embranchements actuels. La *décimation* exprime la disparition d'un certain nombre de ces plans morphologiques structurels lors de phases d'extinction, notamment celle de la fin du Cambrien. La *biodiversité* mesure les nombres d'espèces qui se sont développées à l'intérieur des plans d'organisation en exploitant les possibilités des divers champs morphologiques. Quant aux *extinctions en masse,* elles concernent les réductions drastiques de biodiversité.

10.4.16 – *L'aspect événementiel et contingent de l'évolution*

L'aspect événementiel et contingent de l'évolution sont des notions très importantes soulignées par Tintant et Gould. Elles résultent du fait qu'il y a une interaction constante entre l'évolution de la vie et de la terre. L'aspect *événementiel* est produit à la fois par le hasard des mutations qui sont des événements imprévisibles et par les circonstances de l'histoire des continents et des océans. L'évolution du vivant est conditionnée par son histoire qui la perturbe fortement ; c'est la *contingence*. Certains groupes prometteurs ont disparu sous l'effet de décimation et d'extinction en masse où la sélection naturelle a joué un rôle majeur. L'homme, considéré par beaucoup comme la composante de la biosphère le plus complexe en raison de l'acquisition de la pensée réfléchie, a eu de multiples occasions de ne jamais apparaître. Si *Pikaia,* l'ancêtre des cordés connu dans la faune de Burgess, avait été décimé à la fin du Cambrien, il n'y aurait jamais eu de vertébrés, ni d'hommes. A chaque étape de l'histoire qui conduit jusqu'à nous, les possibilités d'extinction de nos ancêtres ont été grandes. Dans l'évolution des espèces, rien n'est obligatoire et le hasard des mutations et des circonstances environnementales joue un rôle majeur déterminant.

10.4.17 – *Les structurations fractales de certains phénomènes évolutifs*

Les structurations fractales de certains phénomènes évolutifs sont les résultats de recherches très récentes qui ont montré que la répartition des espèces dans les temps géologiques, les variations de la biodiversité, les fluctuations des populations ne répondaient pas toujours à des lois physiques classiques, mais à des *lois en puissance* liées à l'existence de *structures biologiques fractales.* Ces lois qui appartiennent au domaine du non-linéaire ont été mises en évidence par de nombreux chercheurs comme Minelli, Fusco, Sartoti, Burleto, Newman, Pattersson, Fowler, Solé, Manrubia, Benton, Ferrière, Cazelles, Cezilly, Desportes, Cole, Ellner, etc., et j'ai eu le plaisir avec mes collègues J. Dubois, P. Brunet-Lecomte et F. Magniez de participer à cette approche non classique de la paléontologie à propos des apparitions et extinctions des espèces de rongeurs ; travail qui se poursuit actuellement avec L. Nottale et P. Grou sur la structure de l'arbre de vie qui semble être fractale.

10.5 – Les mots clés du nouveau stade des *horloges du vivant* de la théorie de l'évolution

Beaucoup de nouveautés méthodologiques ont permis de progresser dans la connaissance des divers niveaux d'organisation. La génétique a subi les effets de la révolution moléculaire et a été complètement reconsidérée. Elle dispose désormais des moyens d'établir le génome des diverses espèces. La biologie a intégré les nouveaux concepts de biodiversité et de biodisparité. L'approche cladistique a renouvelé entièrement la systématique et la conception des relations de parenté entre les organismes actuels et fossiles. La paléontologie a remanié son approche, désormais quantifiée et modélisée par les méthodes de morphologie géométrique et les archives paléontologiques ont été révisées. La biologie évolutive du développement a maintenant acquis la possibilité de relier, au moins en partie, le génotype au phénotype et la biologie à la paléontologie. L'une des grandes mécaniques de l'évolution a été mise en évidence, celle des homéogènes et des altérations de la chronologie et de la vitesse du développement, constituant de véritables *horloges du vivant*. Mais il faudra veiller à développer et intégrer les volets écologique et éthologique dans la théorie et préciser leurs relations avec cette mécanique évolutive.

Des concepts des sciences physiques ont été introduits, ou sont sur le point de l'être, dans les sciences biologiques : nature saltatoire des mutations, manifestation hiérarchique et chaotique de certains phénomènes biologiques, aspect sériel ou événementiel[266,267] des données paléontologiques. Indiscutablement, le temps est venu d'une nouvelle formulation de la théorie de l'évolution. C'est celle de l'an 2000. Ce ne peut plus être la théorie d'un auteur comme le lamarckisme, le darwinisme ou le néodarwinisme, ce ne peut être qu'une *théorie de plus en plus globale*.

Quel que soit le nom qu'on lui donne, ce nouveau stade de la théorie de l'évolution peut être caractérisé par les quatre mots clés suivants[267-268] :

10.5.1 – Hiérarchique

Le vivant est structuré en niveaux de plus en plus élevés et complexes où de nouvelles propriétés apparaissent, non prédictibles par la (ou les) structure(s) du (ou des) niveau(x) inférieur(s). Cette hiérarchisation donne au travers des divers niveaux d'organisation, acquis par étapes, un aspect de *complexification* depuis les plus simples, des bases, gènes, chromosomes et individus, aux plus structurés des espèces, biomes et biosphère. Les réversions simplifiées des formes parasitaires par hétérochronies montrent que cette complexification globale n'est ni obligatoire ni unique. Il est bien évident que la *dépendance d'échelle* des divers phénomènes qui contrôlent le vivant est une notion essentielle, de nature fondamentale, à prendre absolument en compte.

10.5.2 – Saltatoire

A chaque niveau d'organisation du vivant, des sauts morphologiques ou des ponctuations entre espèces sont dus à l'existence d'une mécanique saltatoire qui intervient au niveau de l'ADN, des chromosomes et des dérèglements de la chronologie des diverses phases du développement. Il est désormais bien connu que les mutations correspondent au remplacement d'une base par une autre, ou à celui d'une portion de séquence par une autre, ou à un décalage du cadre de lecture de la séquence par délétion ou addition. C'est-à-dire que les mutations correspondent à des *discontinuités*. Autrement dit, il s'agit de modifications par sauts de petite ampleur, de véritables *microsaltations*. Chaque saut constitue une remise en cause des conditions initiales ancestrales s'exprimant par des innovations au niveau génétique et des ralentissements, accélérations, réductions ou amplifications de caractères au niveau du développement morphologique. L'importance de ces phénomènes parfois contrôlés par les homéogènes et amplifiés par les hétérochronies est fondamentale, expliquant à la fois la *micro-évolution* et la *macro-évolution*. Le hasard qui gère les mutations est fortement limité, encadré peut-on dire, par les contraintes biochimiques propres du vivant : les quatre bases de l'ADN, les canalisations liées aux contraintes du développement embryonnaire, des homéogènes et des hétérochronies. Si le hasard joue un rôle important dans l'évolution, c'est un hasard désormais contenu entre des barrières très strictes. Ce sont ces *contraintes canalisantes* qui ont fait croire à certains à l'existence de l'orthogenèse ou d'une finalité de l'évolution.

Cette mécanique évolutive est extraordinaire par son économie de moyens qui correspond à un véritable *bricolage biologique*, selon la formule de Jacob[96], dans la mesure où le nouveau est réalisé avec de l'ancestral préexistant.

10.5.3 – *Evénementiel*

Les facteurs géologiques de l'histoire de la terre jouent un rôle passif de *hasard événementiel* dans l'histoire des individus, des populations, des espèces et des communautés. Il faut en effet prendre en compte les sauts globaux de la biomasse dus aux contraintes externes de l'environnement terrestre qui conditionnent les phases de crises de radiation et de disparité (multiplication des plans d'organisation) et celles de décimation ou d'extinction. Ces sauts globaux donnent à la vie un aspect événementiel et introduisent avec les mutations des gènes et les remaniements des chromosomes *la contingence* dans l'évolution. L'évolution devient alors très difficile, voire impossible, à prévoir. Ce *hasard événementiel* et la *contingence* sont deux grandes caractéristiques de l'évolution nouvellement mises en évidence de l'échelle individuelle à l'échelle globale ; un phénomène qui n'a pas été compris par Popper[22,175,265].

10.5.4 – Chaotique

L'aspect chaotique de l'évolution est la conséquence directe des trois modalités précédentes et des facteurs multiples du vivant en interaction :

1. Sa *structuration hiérarchisée,* qui implique la prise en compte de la *notion d'échelle du vivant,* aboutit à un effet de complexification *de type fractal.*

2. L'aspect *saltatoire* des mutations et des innovations qui, en tant que discontinuités, introduisent constamment de nouvelles conditions initiales internes et des ponctuations qui fractalisent l'histoire de la vie.

3. L'aspect *événementiel* des contraintes externes qui, par les déséquilibres qu'elles imposent au vivant avec de nouvelles conditions initiales externes, introduisent avec les contraintes internes la *contingence* dans le phénomène évolutif au travers de crises de radiation (ou de disparité) et d'extinction (ou de décimation). Il faut bien distinguer ici les conséquences des processus évolutifs prévisibles des événements historiques imprévisibles, car dépendant de la contingence.

C'est pourquoi la théorie de l'évolution implique une composante *chaotique* dans le sens d'un déterminisme particulièrement difficile à mettre en évidence. La raison en est la multiplicité des facteurs en cause qui expliquent en particulier *l'imprédictibilité à long terme* de l'évolution. C'est une réponse aux critiques de Popper[22,175,265] qui voyait dans cette imprédictibilité un aspect non scientifique de la théorie, alors qu'elle en est la caractéristique essentielle, celle d'un type de structure encore inconnue à son époque.

Cette nouvelle vision de l'évolution du vivant s'accorde parfaitement avec la nouvelle approche de la *relativité d'échelle* développée par L. Nottale dans les domaines des très petites échelles de longueur de la physique, des très grandes échelles de longueur de la cosmologie et qui implique le concept des *fractals* comme outil mathématique[266].

10.6 – L'avenir de la théorie de l'évolution

La théorie de l'évolution apparaît aujourd'hui sous une forme nouvelle beaucoup plus élaborée. Elle est assez comparable à l'Hydre de Lerne qui se régénère constamment, mais sous une autre forme, toujours plus complexe et plus explicative. La biologie évolutive du développement avec sa mécanique des gènes homéotiques, architectes et commutateurs (niveau génétique) et des hétérochronies (niveau de l'ontogenèse) constitue la nouvelle grande clé de lecture des *horloges du vivant*.

Ces mécanismes démontrent qu'une partie de l'évolution est aléatoire et saltatoire au niveau des gènes et du phénotype et qu'elle n'est jamais prévisible, bien que fortement confinée à l'intérieur de certaines limites qui la canalisent parfois.

Les nouveaux concepts du stade des *horloges du vivant* répondent aux critiques majeures adressées au néodarwinisme, en expliquant comment on peut passer rapidement d'une structure à une autre, à tous les niveaux d'organisation, micro-évolutif ou macro-évolutif. Ces processus évolutifs encore inconnus du temps de Grassé et Goldschmidt pour expliquer les changements macro-évolutifs sont désormais en voie d'être identifiés !

L'innovation est donc génétique et embryologique et constitue d'emblée une aptation potentielle (ou saltaptation). Cette innovation s'étendra dans la population, si elle est conservée par la sélection naturelle, mais elle disparaîtra si elle dépasse les limites du possible vis-à-vis de l'environnement.

Le nouveau stade de la théorie de l'évolution prend donc en compte le fait que le vivant porte en lui les potentialités de son évolution grâce au jeu de plusieurs mécaniques, celles des mutations et du développement qu'elles conditionnent ; un véritable *bricolage biologique* contrôlé par la sélection naturelle. Mais ces contraintes internes interfèrent avec les contraintes externes de l'histoire de la terre et des modifications de l'environnement qui introduisent la *contingence* dans l'évolution ; c'est *le poids de l'histoire* qui imprime fortement sa marque à l'évolution.

Les qualificatifs *hiérarchique, saltatoire, événementiel, contingent* et *chaotique* expriment la nouvelle dimension *globale* de la théorie de l'évolution et la rapprochent des théories des sciences physiques expliquant la constitution et l'évolution générale de l'univers.

La vie apparaît en effet comme un *système hiérarchisé ascendant* à toutes les échelles où elle se manifeste, depuis les bases constituant de l'ADN jusqu'aux plus grands organismes vivants (la baleine bleue) et à la biosphère terrestre, c'est-à-dire à des échelles de longueur qui varient de 10^{-6} à 10^6. Comme l'a montré L. Nottale, la vie se situe ainsi juste au milieu des échelles de l'univers, entre les très petites échelles qui vont de celle de Planck (10^{-33}) à 10^{-6} et les très grandes échelles de longueur qui s'étendent de 10^6 à 10^{28}, l'échelle cosmologique[266]. La vie s'intègre donc parfaitement dans l'univers dont les constituants conditionnent et contraignent sa structure hiérarchique et son évolution. Comme l'univers, la vie est un système en perpétuel changement.

Il est évident que cette nouvelle étape des *horloges du vivant* de l'an 2000 sera ultérieurement reformulée, à coup sûr avant les cinquante nouvelles années, selon le rythme des recherches et des découvertes, qui dépendent elles aussi d'un hasard événementiel. Rappelons cependant qu'une nouvelle étape ne peut être abordée que lorsqu'un certain nombre de nouveaux concepts ont remplacé les anciens, c'est-à-dire lorsque de nouveaux paradoxes ont pu être résolus. Il faut aussi attendre qu'une partie importante de la communauté les ait pris en considération et que les ardents défenseurs des concepts dépassés aient disparu ; cette caractéristique de la pensée réfléchie humaine constitue une limitation aux changements conceptuels trop rapides...

Une chose paraît certaine. La théorie de l'évolution entre dans une phase de maturité dans la mesure où la compréhension des données fossiles qui apportent l'indispensable dimension temporelle du phénomène évolutif va être grandement facilitée par la nouvelle clé de lecture de sa mécanique horlogère qui se trouve dans la génétique du développement.

Mais ces nouveautés n'expliquent pas encore tous les phénomènes évolutifs, et la recherche nous réservera à coup sûr bien des surprises à l'interface bio-géo-sciences, car la mécanique des horloges du vivant n'a encore livré que les premiers secrets de ses processus complexes qui aboutissent d'une part à la forme adulte des organismes, d'autre part aux nouvelles espèces et même aux nouveaux plans d'organisation.

De multiples questions demeurent :

Par exemple, comment est coordonnée la chronologie de mise en œuvre des multiples événements embryologiques ? S'agit-il d'un enchaînement lié à la position des gènes régulateurs le long des chromosomes, la colinéarité ?

Quel est le cheminement des 2×10^{13} cellules qui constituent le corps humain et se déplacent lors de l'embryogenèse selon des parcours souvent forts complexes ?

Comment fonctionnent dans le détail les multiples horloges du vivant et comment les cellules lisent-elles le temps à toutes les échelles ?

Comment sont contrôlés les chrono-hétérochronies, c'est-à-dire les changements graduels orientés des post ou pré-déplacements que l'on constate fréquemment dans les archives paléontologiques ? Sont-elles placées sous le contrôle exclusif de la sélection naturelle via les paramètres de l'environnement qui agiraient sur la variabilité d'homéogènes labiles dans les populations ou sous celui d'autres horloges thermosensibles ou chronosensibles encore inconnues, se décalant par canalisation selon une tendance ?

Comment la mécanique chimique du cerveau produit-elle la pensée réfléchie ? Quel est le niveau atteint par la pensée des singes supérieurs ?

Quel est l'avenir biologique de l'homme qui devient progressivement maître de son évolution ?

Quel est l'avenir de la biosphère confrontée aux modifications anthropiques de l'environnement ? L'extinction des espèces causée par l'homme sera-t-elle compensée par la formation de nouvelles espèces ? Dans les temps géologiques, les espèces éteintes libéraient une niche écologique à conquérir, mais l'homme en détruisant les niches semble condamner la biosphère à se réduire comme une peau de chagrin.

Enfin, le phénomène évolutif sera-t-il contrôlé par l'homme ?

Chercher les réponses à ces questions cruciales constitue un enjeu fascinant pour l'homme. Ce sont aussi des objectifs passionnants pour les jeunes qui s'engagent dans la recherche aussi bien en génétique, en biologie du développement, qu'en paléontologie. Mais, attention, la pluridisciplinarité sera de rigueur, puisque les trois domaines sont étroitement liés, ce qui implique une formation multidisciplinaire difficile dans le cadre actuel de nos formations universitaires privilégiant l'hyperspécialisation. Il faut envisager des maîtrises pluridisciplinaires de biogéosciences et des formations continues complémentaires pour les chercheurs de ces diverses disciplines, dans le cadre de véritables *pôles d'évolution du vivant*.

Références

1. LAMARCK J.-B. de, *Philosophie zoologique*, Dentu, Paris, 2 vol, 1809 (réédition Culture et Civilisation, Bruxelles, 1970).

2. KLEIN E., *Conversations avec le Sphinx. Les Paradoxes en physique*, Albin Michel, Paris, 1991.

3. CUVIER G., *Recherches sur les ossements fossiles des quadrupèdes*, Déterville, Paris, 4 vol, 1812.

4. DARWIN C., *De l'origine des espèces au moyen de la sélection naturelle ou la lutte pour l'existence*, C. Reinwald et Cie, Paris, 1859. Réédition F. Maspero, Paris, 1980.

5. DE VRIES H., *Species et Varieties, their origin by mutations*, Chicago, Open Court, 1906.

6. MORGAN T. H., *The Scientific Basis of Evolution*, New York, W. W. Norton, 1932.

7. FISHER R. A., *The Genetical Theory of Natural Selection*, Oxford, Clarendon Press, 1930.

8. DOBZHANSKY T. B., *Genetics and the Origin of Species*, New York, 1937, Columbia Univ. Press (3^e ed., 1951).

9. MAYR E., *The Growth of Biological Thought. Diversity, Evolution, et Inheritance*, Belknap Press of Harvard Univ., Cambridge, Massachusetts, 1982.

10. HUXLEY J. S., *Evolution, The Modern Synthesis*, London, Allen and Unwin, 1942.

11. MAYR E., *Systematics and the Origin of Species*, New York, Columbia Univ. Press, 1942.

12. HUXLEY J. S., *The New Systematics*, Oxford, Clarendon Press, 1940.

13. SIMPSON G. G., *Tempo and Mode in Evolution*, New York, Columbia Univ. Press, 1944.

14. ID., *The Major Features of Evolution*, New York, Columbia Univ. Press, 1953.

15. RENSCH B., *Evolution above the Species Level*, New York, Columbia Univ. Press, 1947.

16. DENTON M., *Evolution, Une théorie en crise*, Londreys, Paris, 1988.

17. ID., *L'évolution a-t-elle un sens ?* Fayard, Paris, 1997.

18. CHANDEBOIS R., *Pour en finir avec le darwinisme. Une nouvelle logique du vivant*, Espaces 34, Montpellier, 1993.

19. JOHNSON P. E., *Le darwinisme en question. Science ou métaphysique ?* Pierre d'Angle, Paris, 1996.

20. BUFFON G. Louis LECLERC DE, De la dégénération des animaux, In : *Histoire naturelle, générale et particulière avec la description du cabinet du roi*, 14 : 358-74, Paris, Imprimerie Royale, 1749-1804.

21. LYELL C., *Principles of Geology*, John Murray, London. 2 vol, 1832.

22. DEVILLERS C. et CHALINE J., *La Théorie de l'évolution. Etat de la question à la lumière des connaissances scientifiques actuelles*, Paris, Dunod, 1989.

23. WALLACE A. R., On the law which has regulated the introduction of new species, *The Annals et magazine of Natural History*, 2(16) : 184-96, 1855.

24. ID., On the tendency of varieties to depart indefinitely from the original type, *Journal Proc. Linnean Soc. (Zoology), London*, 3 : 53-62, 1858.

25. MALTHUS T. R., *Essai sur le principe de population*, 1798, Trad. E. Vilquin sur la 1re édition, Presses Universitaires de France, Paris, 1980.

26. CHALINE J., *Une famille peu ordinaire. Du singe à l'homme*, Seuil, Paris, 1994.

27. BONNET C., *La Palingénésie philosophique*, Geneva, C. PHILIBERT et B. CHIROL, 2 vol, 1769.

28. BOURDIER F., Lamarck et Geoffroy Saint-Hilaire face au problème de l'évolution biologique, *Revue d'histoire des sciences et de leurs applications*, 25 : 311-25, 1972.

29. ID., La lutte de Geoffroy Saint-Hilaire contre Cuvier en faveur de l'évolution paléontologique, In : *Toward an History of Geology* (C. J. SCHNEER, ed.) : 31-61, M.I.T. Press, Cambridge, Massachusetts, 1969.

30. SERRES E. R. A., Recherches d'anatomie transcendante sur les lois d'organogenèse appliquées à l'anatomie pathologique, *Ann. Sci. Nat.*, 11 : 47-70, 1827.

31. BAER K. E. von, *Entwicklungsgeschichte der Thiere : Beobachtung und reflexion*, Königsberg, Bornträger, 1828.

32. DARWIN C., *De l'ascendance de l'homme en liaison avec la sélection sexuelle*, 1871, Traduction E. Barbier sur la 3e édition anglaise (1881), Réédition, Ed. Complexe, Bruxelles, 2 vol.

33. MILNE-EDWARDS H., Considérations sur quelques principes relatifs à la classification naturelle des animaux, *Ann. Sci. Nat. Zool.*, 3(1) : 65-99, 1844.

34. HAECKEL E., *Generelle Morphologie der Organismen : Allgemeine Grundzüge der oerganischen Formen-Wissenschaft, mechanisch begründet durch die von Charles Darwin reformirte Descendenz-Theorie*, Berlin, G. Reimer, 2 vol, 1866.

35. ID., *Natürliche Schöpfungsgeschichte*, Berlin, G. Reimer, 1868.

36. ID., *Anthropogenie : Keimes- und Stammes-Geschichte des menschen*, Leipzig, Engelmann, 1874.

37. DUMÉRIL A., Métamorphoses des batraciens urodèles à branchies extérieures du Mexique dits axolotls, observés à la ménagerie des reptiles du Muséum d'histoire naturelle, *Ann. Sci. Nat. Zool.*, 7 : 229-54, 1867.

38. KOLLMAN J., Das Ueberwintern von Europäischen Frosch- und Triton-larven und die Umwetung des mexikanischen Axolotl, *Verh. Naturf. Ges. Basel*, 7 : 387-98, 1885.

39. GARSTANG W., The theorie of recapitulation : a cri-

tical testament of the biogenetic law, *J. Linn. Soc. Zool.*, 35 : 81-108, 1922.

40. GILBERT S. F., *Biologie du développement*, De Boeck Université, Bruxelles, 1996.

41. BLANC M., Gregor Mendel : la légende du génie méconnu, *La Recherche,* 15 : 46-59, 1984.

42. OREL V., ARMOGATHE J.-R., *Mendel, Un inconnu célèbre*, Belin, Paris, 1985.

43. MENDEL J. G., Versuche über Pflanzen-hybriden, *Verh. Natur. Vereins. Brünn*, 4 : 3-57, 1866.

44. DARWIN C., *The variation of Animals and Plants under Domestication,* Murray, London, 2 vol, 1868.

45. PEARSON K., Walter Frank Raphael Weldon, 1860-1906, *Biometrika,* 5 : 1-52, 1906.

46. WELDON W. F. R., A first study of natural selection, In : *Clausilia laminata* (Montagu), *Biometrika,* 1 : 109-24, 1901.

47. HARDY G. H., Mendelian populations in a mixed population, *Science,* 28 : 49-50, 1908.

48. WEINBERG W., Uber den Nachweis der Vererbung beim Menschen, *Jahresh. Verin. Vaterl. Naturk. Württem.,* 64 : 368-82, 1908.

49. HALDANE J. B. S., *The Cause of Evolution*, London, Longmans, Green, 1932.

50. WRIGHT S., Evolution in Mendelian populations, *Genetics,* 16 : 97-159, 1931.

51. FORD E. B., *Ecological Genetics*, London, Methuen, 1964.

52. GOLDSCHMIDT R., *The Material Basis of Evolution*, New Haven, Yale Univ. Press, 1940.

53. FUTUYAMA D. J., *Evolutionary Biology*, Sunderlet, Sinauer Ass. Inc. Pub., 1986.

54. MAYR, E., PROVINE W. B. (Eds.), *The Evolutionary Synthesis. Perspectives on the Unification of Biology*, Harvard Univ. Press, 1980.

55. DAWKINS R., *L'Horloger aveugle*, R. Laffont, Paris, 1989.

56. GROS F., *Les Secrets du gène*, O. Jacob, Paris, 1986.

57. LEWIN B., *Gènes*, Flammarion, Paris, 1988.

58. AVERY O. T., MACLEOD C., MCCARTY M., Studies on the chemical nature of the substance inducing transformation of pneumococal types, *Journ. Exp. Med.*, 79, 1944.

59. HERSHEY A. D., Chase M., Independent functions of viral protein and nucleic acid in growth of bacteriophage. *Journ. Gen. Physiol.*, 36, 1952.

60. WATSON J. D., CRICK F. H., Molecular structure of nucleic acids, *Nature*, 171, 1953.

61. ROBERT J. M., *Génétique*, Paris, Flammarion, 1983.

62. MESELSON M., STAHL F., The replication of DNA in *Escherichia coli*, *Proc. Nat. Acad. Sci. USA*, 44, 1958.

63. JACOB F., MONOD J., Genetic regulatory mechanisms in the synthesis of proteins, *J. Mol. Biol.*, 3, 1961.

64. GROS F., Biosynthesis of protein in intact bacterial cells, In : *The Nucleic Acids* (E. CHARGAFF et J. DAVIDSON, Eds.), New York, Acad. Press Pub., III, 1960.

65. TEMIN H., BALTIMORE M., RNA directed DNA synthesis et RNA tumor viruses, *Advances Virus Res.*, 17, p. 129, 1972.

66. LEDER P., NIRENBERG M., RNA codewords et protein synthesis II-Nucleotide sequence of a valine RNA codeword, *Proc. Nat. Acad. Sci. USA*, 52, p. 420, 1964.

67. MCCLINTOCK B., Chromosome organization and genic expression, *Cold Spring Harb. Symp. Quant. Biol.*, 16, p. 13, 1951.

68. COHEN D., *Les Gènes de l'espoir. Découverte du génome humain*, R. Laffont, Paris, 1993.

69. WU X., MUZNY D. M., LEE C. C., CASKEY C. T., Two Independent Mutational Events in the Loss of Urate Oxidase during Hominoid Evolution, *J. Mol. Evol.*, 34 : 78-84, 1992.

70. LEWONTIN R., *La Diversité des hommes. L'inné, l'acquis et la génétique*, Belin, Paris, 1984.

71. JACQUARD A., *Eloge de la différence*, Seuil, Paris, 1978.

72. DOBZHANSKY T. B., A review of some fundamental concepts and problems of population genetics, *Cold Spring Harbor Symp. Quant. Biol.*, 20, p. 1-15, 1955.

73. LERNER I. M., *Genetic Homeostasis*, Edinburgh, Olivier and Boyd, 1954.

74. LEWONTIN R. C., HUBBY J. L., A molecular approach to the study of genic heterozygosity in natural populations. II. Amount of variation and degree of heterozygosity in natural populations of *Drosophila pseudoobscura*, *Genetics*, 54, p. 595-609, 1964.

75. KIMURA M., Diffusion models in population genetics, *J. Applied Probab.*, 1, 177-232, 1964.

76. ID., *Théorie neutraliste de l'évolution*, Flammarion, Paris, 1990.

77. GOULD S. J., *L'Eventail du vivant. Le Mythe du progrès*, Seuil, Paris, 1997.

78. LINNÉ C., *Systema naturae per regna tria naturae, secundum classes, ordines, genera, species, cum charactribus, differis, synonymys, locis*, 2 vol, Reg. animale, 1, 1758-59.

79. SIMPSON G. G., Principles of Classification and a classification of Mammals, *Bull. Amer. Mus. Nat. hist.* 85 (5), 1945.

80. HENNIG W., *Grundzüge einer Theorie der phylogenetischen Systematik*, Berlin, Deutscher Zentralverlag, 1950.

81. TASSY P., *L'arbre à remonter le temps*, Bourgois, Paris, 1991.

82. CANN R. L., STONEKING M., WILSON A. C., Mitochondrial DNA and Human Evolution, *Nature*, 325 : 31-7, 1987.

83. MIYAMOTO M. M., KOOP B. F., SLIGHTOM J. L., GOODMAN M., TENNANT M. R., Molecular Systematics of higher Primates : Genealogical relations and Classification, *Proc. Nat. Acad. Sci. USA*, 85, 7627-31, 1988.

84. FELSENSTEIN J., *PHYLIP (Phylogeny Inference package)*, Version 3.3, University of Washington, 1990.

85. CHALINE J., *Paléontologie des Vertébrés*, Paris, Dunod, 1987.

86. DIN W., DAVID B., LAURIN B., CHALINE J., HARADA M., CATZEFLIS F., DNA/DNA hybridization study of the *Clethrionomyini (Arvicolidae, Rodentia)* : Comparison with morphological data, *Comptes rendus de l'Académie des sciences, Paris,* 316(II) : 709-16, 1993.

87. CHALINE J., DURAND A., MARCHAND D., DAMBRICOURT MALASSÉ A., DESHAYES M. J., Chromosomes and the Origins of Apes and Australopithecines, *Human evolution,* 11, 43-60, 1996.

88. CHALINE J., DAVID B., MAGNIEZ-JEANNIN F. DAMBRICOURT MALASSÉ A., MARCHAND D., COURANT F., MILLET J.-J., Quantification de l'évolution morphologique du crâne des Hominidés et hétérochronies *Comptes rendus de l'Académie des sciences, Paris,* série IIa, 326(4) : 291-8, 1998.

89. CHALINE J., Vers une approche globale de l'évolution des Hominidés, *Le Point sur... Comptes rendus de l'Académie des sciences, Paris,* série IIa, 326(5) : 307-18, 1998.

90. MIYAMOTO M. M., SLIGHTOM J. L., GOODMAN M., Phylogenetic relations of Humans and African Apes from DNA sequences in the $\psi\eta$ globin region, *Science,* 238, 369-73, 1987.

91. THOMPSON D. W., *On Growth and Form*, Cambridge Univ. Press, Cambridge, 1917.

92. HUXLEY J., *Problems of Relative Growth*, London, Methuen and Co, 1932.

93. RAUP D. M., MICHELSON A., Theoretical morphology of the coiled shell, *Science,* 147 : 1294-5, 1965.

94. NEIGE P., CHALINE J., CHONE T., COURANT F., DAVID B., DOMMERGUES J. L., LAURIN B., MADON C., MAGNIEZ-JEANNIN F., MARCHAND D., THIERRY J., La notion d'espace morphologique, outil d'analyse de la morphodiversité des organismes, *Géobios.* : 415-22, 1997.

95. GOULD S. J., *La vie est belle*, Paris, Seuil, 1991.

96. JACOB F., Evolution and tinkering, *Science,* 196 : 1161-6, 1977.

97. ALBERCH P., L'ingénieur, l'artiste et les monstres, *La Recherche,* 305 : 112-7, 1998.

98. REYMENT R. A., *Multidimensional Palaeobiology*, Pergamon Press, Oxford, 1991.

99. ROHLF F. J., BOOKSTEIN F. L. (Eds.), *Proceedings of the Michigan Morphometrics Workshop*, Univ. Michigan Mus. Ann Arbor., 1990.

100. BOOKSTEIN F. L., *Morphometric tools for landmark data. Geometry and Biology*, Cambridge Univ. Press, Cambridge, 1992.

101. DAVID B., LAURIN B., An interactive program for shape analyses using landmarks, *Paléontologie analytique Publish, Dijon*, version 2.0, 1992.

102. GARCIA J.-P., Les variations du niveau marin sur le bassin de Paris au Bathonien-Callovien, *Mem. Géol. Univ. Dijon,* 17, 1992.

103. LAURIN B., DAVID B., Mapping morphological changes in the spatangoid *Echinocardium,* interspecific comparisons, In : *Echinoderm Research* (C. DE RIDDER, P. DUBOIS, M. C. LAHAYE, M. JANGOUX, Eds.), Rotterdam, Balkema : 131-6, 1990.

104. COURANT F., DAVID B., LAURIN B., CHALINE J., Exploration of the cranial morphological field in *Arvicolidae (Rodentia, Mammalia)* : estimate of ecological and historical parts, *Bull. Soc. Lin. Soc. London,* 62 : 505-17, 1998.

105. MILLET J. J., *Ontogenèse crânienne des chimpanzés et des gorilles. Vers l'étude globale de l'évolution des Hominidés,* Mémoire DEA, Paris, 1997.

106. PÉNIN X., *Modélisation tridimensionnelle des variations morphologiques du complexe crânio-facial des Hominoidea. Applications à la croissance et à l'évolution,* Thèse de doctorat, Université Paris-VI, *Sc. Terre,* 1997.

107. HARVEY P. H., NEE S., The phylogenetic Foundations of Behavioural Ecology, In : *Behavioural Ecology* (J. R. KREBS, N. B. DAVIES, Eds.). Blackwell Science, 4ᵉ ed., 14 : 334-49, 1997.

108. TINTANT H., Cent ans après Darwin, continuité ou discontinuité dans l'évolution, In : *Modalités, rythmes et mécanismes de l'évolution biologique : gradualisme phylétique ou équilibres ponctués ?* (J. CHALINE., Ed.), CNRS, Paris : 25-37, 1983.

109. GARCIA J.-P., DROMART G., The validity of two biostratigraphic approaches in sequence stratigraphic correlations : brachiopods zones and marker-beds in the Jurassic, *Sedimentary Geology*, 114 : 55-79, 1997.

110. CHALINE J., LAURIN B., Phyletic gradualism in a European Plio-Pleistocene *Mimomys* lineage *(Arvicolidae, Rodentia)*, *Paleobiology*, 12(2) : 203-16, 1986.

111. MCKINNEY M. L., SCHOCH R. M., Titanothere allometry, heterochrony, and biomechanics : revising an evolutionary classic, *Evolution*, 39(6) : 1352-63, 1985.

112. MARTIN L. D., Phyletic trends and Evolutionary rates, *Carnegie Mus. Nat. Hist., Special Pub.*, 8 : 526-38, 1984.

113. DAMBRICOURT MALASSÉ A., Ontogenèses, paléontogenèses et phylogenèse du corps mandibulaire catarhinien. Nouvelle interprétation de la mécanique humanisante (théorie de la fœtalisation, Bolk, 1926), Thèse de doctorat, *Mus. Nat. Hist. Nat.*, Paris, 1987.

114. DOMMERGUES J.-L., CARIOU E., CONTINI D., HANTZPERGUE P., MARCHAND D., MEISTER C., THIERRY J., Homéomorphies et canalisations évolutives : le rôle de l'ontogenèse. Quelques exemples pris chez les ammonites du Jurassique, *Géobios.*, 22(1) : 5-48, 1989.

115. BERGSON H., *L'Evolution créatrice*, F. Alcan et Guillaumin, Paris, 1907.

116. ELDREDGE N., GOULD S. J., Punctuated equilibria : an alternative to phyletic gradualism, In : *Model in Paleo-*

biology (T. E. SCHOPF, Ed.) : 82-115, San Francisco, Freeman, Cooper, 1972.

117. GOULD S. J., ELDREDGE N., Punctuated equilibria : the tempo and mode of evolution reconsidered, *Paleobiology*, 3(2) : 115-51, 1977.

118. GOULD S. J., Dix-huit points au sujet des équilibres ponctués, In : *Modalités et rythmes de l'évolution biologique* (J. CHALINE, Ed.), 330 : 39-41, Paris, CNRS, 1983.

119. GOULD S. J., ELDREDGE N., Punctuated equilibrium comes of age, *Nature*, 366 : 223-27, 1993.

120. ELDREDGE N., The allopatric model and phylogeny in Paleozoic invertebrates, *Evolution*, 25 : 156-67, 1971.

121. GOULD S. J., An evolutionary microcosm : Pleistocene and recent history of the land snail *P. (Poecilozonites)* in Bermuda, *Bull. Mus. Comp. Zool.*, 138(7) : 407-532, 1969.

122. CHALINE J. (Ed.), *Modalités, rythmes et mécanismes de l'évolution biologique : gradualisme phylétique ou équilibres ponctués ?* Paris, CNRS, 330, 1983.

123. BARNOSKY A. D., Punctuated Equilibrium and Phyletic gradualism. Some Facts from the Quaternary mammalian Record, In : *Current Mammalogy* (H. H. GENOWAYS, Ed.), 1 : 109-47, New York, Plenum Press, 1987.

124. DOMMERGUES J.-L., *L'Evolution des Ammonitina au Lias moyen (Carixien, Domérien basal) en Europe occidentale*, Thèse Université C.-Bernard, Lyon, Documents des laboratoires de géologie, 98 : 1-272, 1987.

125. CHALINE J., Arvicolid data and Evolutionary concepts, *Evolutionary Biology*, 21 : 237-310, 1987.

126. CHALINE J., LAURIN B., BRUNET-LECOMTE P., VIRIOT L., Morphological trends et Rates of Evolution in Arvicolids *(Arvicolidae, Rodentia)* at species level : toward a Punctuated Equilibria/Disequilibria model, *Quaternary International*, 19 : 27-39, 1993.

127. CHANGEUX J.-P., DANCHIN A., Selective stabilization of developing synapses as a mechanism for the

specification of neuronal networks, *Nature,* 264 : 705-11, 1976..

128. SNELL R. R., Status of *Larus* Gulls at Home Bay, Baffin islet, *Colonial Waterbirds*, 12(1) : 12-23, 1989.

129. ANDERSSON M., Sexual selection, In : *Monographs in Behavior and Ecology* (J. R. KREBS, T. CLUTTON-BROCK, Eds.) : 207-26, Princeton University Press, New Jersey, 1993.

130. ID., *Sexual selection*, Princeton University Press, New Jersey, 1994.

131. GOULD S. J., VRBA E., Exaptation, A missing term in the science of form, *Paleobiology*, 8(1) : 4-15, 1982.

132. VANDEL A., *La Genèse du vivant*, Paris, Masson, 1968.

133. GRASSÉ P.-P., *Biologie moléculaire, mutagenèse et évolution*, Paris, Masson, 1978.

134. ID., *L'Evolution du vivant*, Paris, Albin Michel, 1973.

135. COURNOT A., *Traité sur l'enchaînement des idées fondamentales dans les sciences et dans l'histoire*, Hachette, Paris, 1922.

136. MONOD J., *Le Hasard et la Nécessité*, Paris, Seuil, 1970.

137. RASMOND R., *Les Neveux des dinosaures ou les hasards de l'évolution*, Univ. Bruxelles, Ellipses, Bruxelles, 1990.

138. EIMER G. H. T., *Die Entstehung der Arten. teil II : Die Orthogenesis der Schmetterlinge*, Leipzig, Engelmann, 1897.

139. HOFKER J., Orthogenesen von Foraminiferen, *Neues Jahb. Geol. Pal. Abh.*, 108 : 239-59, 1959.

140. SAINT-SEINE P. DE, Les fossiles au rendez-vous des calculs, *Les Etudes* : 193-205, 1948.

141. COPÉ E. D., *The origin of the fittest*, Appleton, New York, 1886.

142. DEPÉRET C., *Les Transformations du monde animal*, Flammarion, Paris, 1922.

143. DOLLO L., Les lois d'évolution, *Bull. Soc. Belge Géol.*, 7 : 164-6, 1893.

144. VAN VALEN L., A New Evolutionary Law, *Evolutionary Theory*, 1 : 1-30, 1973.

145. STENSETH N. C., MAYNARD-SMITH J., Coevolution in ecosystems : Red Queen evolution or stasis ? *Evolution*, 38 : 870-80, 1984.

146. RAUP D. M., Taxonomic survivorship curves and Van Valen's Law, *Paleobiology*, 1(1), 82-96, 1975.

147. BENTON M. J., The Red Queen put to the test, *Nature*, 313 : 734-5, 1985.

148. DUBOIS J., *La Dynamique non linéaire en physique du globe*, Masson, Paris, 1995.

149. MINELLI A., FUSCO G., SARTORI S., Self-similarity in biological classifications, *BioSystems,* 26, 89-97, 1991.

150. DUBOIS J., CHALINE J., BRUNET-LECOMTE P., Spéciation, extinction et attracteurs étranges, *Comptes rendus de l'Académie des sciences, Paris*, 315(II) : 1827-33, 1992.

151. BURLETO B., The Fractal Geometry of Evolution, *J. theor. Biol.*, 163, 161-72, 1993.

152. NEWMAN M. E. J., Self-organized criticality, evolution and the fossil extinction record, *Proc. R. Soc. Lond. B*, 263, 1605-10, 1996.

153. PATTERSON R. T., FOWLER A. D., Evidence of self organization in planktic foraminiferal evolution : Implications for interconnectedness of paleoecosystems, *Geology*, 24(3), 215-8, 1996.

154. SOLÉ R. V., MANRUBIA S. C., BENTON M., BAK P., Self-similarity of extinction statistics in the fossil record, *Nature*, 388, 764-7, 1997.

155. BENTON M. J., Models for the diversification of life, *Trends Ecol. Evol.*, 12(12), 490-5, 1997.

156. NEWELL N. D., Revolutions in the history of life, *Special Paper Geol. Soc. America*, 89 : 63-91, 1967.

157. WEGENER A., *La Genèse des continents et des océans.*

Théorie des translations continentales (réédition du volume de 1912), Paris, Bourgois, 1990.

158. LE PICHON X., Sea-Floor Spreading and Continental Drift, *Journal of Geophysical Research*, 73(12) : 3661-97, 1968.

159. HALLAM A., Les fossiles témoins de la dérive des continents, In : *La Dérive des continents. La Tectonique des plaques. Pour la Science,* Belin, Paris : 201-10, 1982.

160. ID., Catastrophism in Geology, In : *Catastrophe and Evolution* (S. V. M. CLUBE, Ed.) : 25-55, Cambridge Univ. Press, 1989.

161. MAGNIEZ F., Enregistrement de l'eustatisme par les foraminifères dans les séquences de dépôt du Crétacé inférieur du bassin vocontien (S.-E. de la France), *Palaeogeography, Palaeoclimatology, Palaeoecology*, 91 : 247-62, 1992.

162. ERWIN D. G., VALENTINE J. W., SEPKOSKI J. J., A Comparative study of diversification events : the early Paleozoic versus the Mesozoic, *Evolution*, 41(6) : 1177-86, 1987.

163. STANLEY S. M., *Extinction*, Scientific Amer. Lib., New York, 1987.

164. GINSBURG L., Théories scientifiques et extinction des dinosaures, *Comptes rendus de l'Académie des sciences, Paris,* 298(II) : 317-20, 1984.

165. RAT P., La tectonique des plaques confrontée à la dynamique externe, *Bull. Soc. Géol. France*, 7(3) : 377-90, 1984.

166. BERGER A., *Le Climat de la terre. Un passé pour quel avenir ?* De Boeck Université, Bruxelles, 1992.

167. CHALINE J., LAURIN B., Le rôle du climat dans l'évolution graduelle de la lignée *Mimomys occitanus-ostramosensis (Arvicolidae, Rodentia)* au Pliocène supérieur, *Géobios*, 8 : 323-31, 1984.

168. CHALINE J., *L'Histoire des climats et de l'homme au Quaternaire*, Doin, Paris, 1985.

169. GRAHAM R. W., Response of mammalian Communities to Environmental Changes During the Late Quaternary, In : *Community Ecology* (J. DIAMOND, T. J. CASE, Eds.) : 300-13, Harper and Row, New York, 1985.

170. COURTILLOT V., BESSE J., VETAMME D., MONTIGNY R., JAEGER J.-J., CAPETTA H., Deccan flood basalts and the Cretaceous/Tertiary boundary, *Earth Plan. Sc. Letters*, 80 : 361-74, 1986.

171. ALVAREZ L.W., ALVAREZ W., ASARO F., MICHEL H. V., Extraterrestrial cause for the Cretaceous-Tertiary extinction, *Science*, 208 : 1095-108, 1980.

172. ALVAREZ W., *La Fin tragique des dinosaures*, Hachette Littératures, Paris, 1997.

173. HALLAM A., End Cretaceous Mass Extinction Event : Argument for terrestrial Causation, *Science*, 238 : 1237-42, 1987.

174. TINTANT H., La loi et l'événement. Deux aspects complémentaires des sciences de la Terre, *Bull. Soc. géol. de France*, 8(2,1) : 185-90, 1986.

175. POPPER K., *La Quête inachevée*, Calmann-Lévy, Paris, 1981.

176. BALDWIN J. M., *Development and evolution*, Mcmillan, New York, 1902.

177. GOULD S. J., *Ontogeny and phylogeny*, Cambridge, Belknap Press of Harvard Univ. Press, 1977.

178. HALL B. K., *Evolutionary Developmental Biology*, London, Chapman and Hall, 1992.

179. PROCHIANTZ A., *Les Stratégies de l'embryon*, Paris, Presses Universitaires de France, 1988.

180. WOLPERT L., *Le Triomphe de l'embryon*, Paris, Dunod, 1992

181. BEER DE G. R., *Embryos and ancestors*, Oxford, Clarendon Press, 1940 (révisé en 1958 : Oxford Univ. Press).

182. WADDDINGTON C. H., *Organizers and Genes*, Cambridge Univ. Press, Cambridge, 1940.

183. BOLK L., *Das problem der Menschwurdung*, Jena, Gustav Fischer, 1926.

184. SEVERCOV A. N., *Morfologisceskie zakonomerposti evoljuci (Morphologic laws of evolution)*, Moskva, AN. SSSR, 1949.

185. NOVAK V. J. A., Neoteny as one of the general laws of evolution, In : *General questions of evolution* (V. J. A. NOVAK, K. ZEMEK, Eds.) : 329-45, Praha, Czechoslovak Acad. of Sciences, 1983.

186. LOVTRUP S., *Epigenetics*, London, Wiley, 1974.

187. STERBA O., Heterochronies and development in Mammals, In : *Evolution and Morphogenesis* (J. MLIKOVSKY, V. J. A. NOVAK, Eds.) : 551-7, Praha, Academia, 1985.

188. ID., Ontogenetic levels in Mammals, In : *Evolution and Morphogenesis* (J. MLIKOVSKY, V. J. A. NOVAK, Eds.) : 567-71, Praha, Academia, 1985.

189. VERHULST J., Louis Bolk revisited : I. Is the Human Lung a Retarded Organ ? *Medical Hypotheses,* 40 : 311-20, 1993.

190. ID., Louis Bolk revisited : II. Retardation, Hypermorphosis and Body Proportions of Humans, *Medical Hypotheses,* 41 : 100-14, 1993.

191. ID., Speech and the retardation of the Human mandible : A Bolkian View, *Journal of Social and Evolutionary System*, 17(3) : 307-37, 1994.

192. RAFF R. A., KAUFMAN T. C., *Embryos, genes, and Evolution. The developmental-Genetic basis of Evolutionary Change*, New York, Mcmillan Pub. C°, 1983.

193. RAFF R. A., *The Shape of Life. Genes, Development, and the Evolution of Animal Form*, The Univ. of Chicago Press, 1997.

194. O'RAHILY, Guide to staging of Human embryos, *Anat. Anz.*, 130 : 556-9, 1972.

195. ALBERCH P., GOULD S. J., OSTER G., WAKE D. B., Size et shape in ontogeny and phylogeny, *Paleobiology,* 5 : 196-317, 1979.

196. DOMMERGUES J.-L., DAVID B., MARCHAND D., Les relations ontogenèse-phylogenèse : applications paléontologiques, *Géobios,* 19(3) : 335-82, 1986.

197. MCNAMARA K. J., A guide to the nomenclature of heterochrony, *Journ. Paleont.,* 60 : 4-13, 1988.

198. SHEA B. T., Heterochrony in primates, In : *Heterochrony in Evolution, A Multidisciplinary Approach* (M. L. MCKINNEY, Ed.), 7 : 237-66, Plenum Press, New York, 1988.

199. REILLY S. M., WILEY E. O., MEINHARDT D. J., An integrative approach to heterochrony : the distinction between interspecific and intraspecific phenomena, *Biol. Journal Linnean Society*, 60 : 119-43, 1997.

200. DAVID B., MOOI R., Embryology supports a new theory of skeletal homologies for the phylum *Echinodermata*, *Comptes rendus de l'Académie des sciences, Paris,* 319 : 577-84, 1996.

201. LAZAR P., La naissance prématurée, un lien entre la station debout et le volume crânien, *L'Anthropologie,* 90(3) : 439-45, 1986.

202. PERRE J., FONCIN J.-F., Vestibular ganglion cell sheath in primates, *Forstschritte des Zoologie,* 30 : 671-5, 1985.

203. PERRE J., Etude morphologique comparée du ganglion vestibulaire des primates, In : *Evolution biologique. Quelques données actuelles* (J. BONS, M. DELSOL, Eds) : 249-63, Boubée, Paris, 1989.

204. DAVID B., Jeu en mosaïque des hétérochronies : variation et diversité chez les *Pourtalesiidae* (Echinides abyssaux), In : *Ontogenèse et évolution* (B. DAVID, J.-L. Dommergues, J. CHALINE, B. LAURIN, Eds.), *Géobios,* 12 : 115-31, 1986.

205. ALBERCH P., ALBERCH J., Heterochronic mechanism of morphological diversification and evolutionary change in the neotropical Salameter *Bolitoglossa occidentalis (Amphibia : Plethodontidae)*, *Journ. Morphology,* 167 : 249-64, 1981.

206. GOULD S. J., The origin and function of « bizarre » structures : antler size and skull size in the « irish Elk » *Megaloceros giganteus*, *Evolution*, 28 : 191-220, 1974.

207. TARDIEU C., Femur ontogeny in humans and great apes : heterochronic implications for hominid evolution, *Comptes rendus de l'Académie des sciences, Paris*, 325, 899-904, 1997.

208. MORIN A., *Monstres et merveilles*, Document du Laboratoire d'anatomie de la Faculté de médecine de Lyon, 1989.

209. CHALINE J., Palingenèse et phylogenèse chez les Campagnols, *Comptes rendus de l'Académie des sciences, Paris*, D, 278 : 437-40, 1974.

210. CHALINE J., SÉVILLA P., Phyletic gradualism et developmental heterochronies in a European Plio-Pleistocène *Mimomys* lineage *(Arvicolidae, Rodentia)*, In : *Evolution, Phylogeny, Biostratigraphy of Arvicolids* (O. FEJFAR, W.-D. HEINRICH, Eds.) : 85-98, IGCP 216 Bio-Events. Geological Survey. Praha, 1990.

211. VIRIOT L., *Tendances évolutives des molaires chez les Arvicolidés (Rodentia, Mammalia)*, Thèse Université de Bourgogne, 1994.

212. VIRIOT L., CHALINE J., SCHAAF A., Quantification du gradualisme phylétique de *Mimomys occitanus* à *M. ostramosensis (Arvicolidae, Rodentia)* à l'aide de l'analyse d'images, *Comptes rendus de l'Académie des sciences, Paris*, 2(310) : 1755-60, 1993.

213. RICQLÈS A. DE, Croissance périodique, ontogenèse et phylogenèse et stratégies démographiques : le cas des reptiles captorhinomorphes, *Soc. Zool. de France*, 105(2) : 363-9, 1980.

214. NERAUDEAU D., VIRIOT L., CHALINE J., LAURIN B., KOLFSCHOTEN T. VAN, Discontinuity in the Eurasian Water Vole Lineage *(Arvicolidae, Rodentia)*, *Paleontology*, 38 : (1) : 77-85, 1995.

215. PORTMANN A., Die Tragzeiten des Primaten und

die Dauer des Schwangerschaft beim Menschen : ein problem der vergleichen Biologie, *Rev. Suisse Zool.*, 48, 511-8, 1941.

216. NORRIS D. O., GERN W. A., Thyroxine-induced activation of hypothalamo-hypophysal axis in neotenic salamander larvae, *Science*, 194 : 525-7, 1976.

217. THOMPKINS R., Genetic control of axolotl metamorphosis, *Am. Zool.*, 18 : 313-9, 1978.

218. HUMPHREY R. R., Albino axolotl from an albino tiger salamander through hybridization, *Journal of Heredity*, 58 : 95-101, 1967.

219. VOSS S. R., Genetic Basis of Paedomorphosis in the Axolotl, *Ambystoma mexicanum* : A Test of the Single-Gene Hypothesis, *Journal of Heredity*, 86 : 441-7, 1995.

220. WRAY G. A., Punctuated evolution of embryos, *Science*, 267 : 1115-6, 1995.

221. GOODWIN B. C., HOLDER N., WYLIE C. C. (Eds.), *Development and evolution*, Cambridge Univ. Press., 1983.

222. ARTHUR W., *Mechanisms of morphological evolution*, Wiley, Chichester, 1984.

223. NORTHCUTT R. G., Ontogeny and phylogeny : a re-evaluation of conceptual relationships and some applications, *Brain Behav. Evolution,* 36 : 116-40, 1990.

224. WRAY G. A., Rates of evolution in developmental processes, *Am. Zool.*, 32 : 123-34, 1992.

225. WAKE D. B. (sous presse), Evolutionary developmental biology-Prospects for an evolutionary synthesis at the developmental level, *Proc. Calif. Acad. Sc.*

226. LEWIS E. B., A gene complex controlling segmentation in *Drosophila, Nature,* 276 : 565-70, 1978.

227. NUSSLEIN-VOLHARD C., WIESCHAUS E., Mutations affecting segment number and polarity in *Drosophila, Nature,* 287 : 795-803, 1980.

228. GEHRING W. J., The homeobox : a key to the understeting of development ? *Cell*, 40 : 3, 1985.

229. SPIERER P., GOLDSCHMIDT-CLERMONT P., La géné-

tique du développement de la mouche, *La Recherche*, 165 : 452-61, 1985.

230. LAWRENCE P. A., *The making of a fly*, Blackwell, London, 1992.

231. AKAM M., AVEROFF M., CASTELLI-GAIR J., FALCIANI F., PERRIER D., The evolving role of *Hox* genes in Arthropods, *Dev. Suppl.*, 209-15, 1994.

232. HOLLAND P. W. H., GARCIA-FERNANDEZ J., WILLIAMS N. A., SIDOW A., Gene duplications and the origins of vertebrate development, *Dev. Suppl.*, 125-33, 1994.

233. DUBOULE D., Temporal colinearity and the phylotypic progression : A basis for the stability of a vertebrate Bauplan and the evolution of morphologies through heterochrony, *Dev. Suppl.*, 135-42, 1994.

234. CARROLL R. L., *Patterns and Processes of Vertebrate Evolution*, Cambridge University Press, Paleobiology series, 1997.

235. CARROLL S. B., Homeotic genes and the evolution of arthropods and chordates, *Nature*, 376 : 479-85, 1995.

236. DE ROBERTIS E. M., SASAI Y., A common plan for dorsoventral patterning in Bilateria, *Nature*, 380 : 37-40, 1996.

237. KONTGES G., LUMSDEN A., Rhombocephalic neural crest segmentation is preserved throughout craniofacial ontogeny, *Development*, 122 : 3229-42, 1996.

238. AHLBERG P. E., How to keep a head in order ? *Nature*, 385 : 489-90, 1997.

239. PENNISI E., ROUSH W., Developing a New View of Evolution, *Science*, 277 : 34-7, 1997.

240. SHUBIN N., TABIN C., CARROLL S., Fossils, genes and the evolution of animal limbs, *Nature*, 388, 639-48, 1997.

241. McGINNIS, W., KUZIORA M., Les gènes du développement, *Pour la Science, H.S.*, 7614 : 126-32, 1997.

242. DOLLÉ P., Les mutations des gènes *Hox* chez les mammifères, *Pour la Science, H.S.*, 7614 : 133, 1997.

228   LES HORLOGES DU VIVANT

243. HÉRAULT T., DUBOULE D., Comment se construisent les doigts ? *La Recherche,* 305, 40, 1998.

244. MEYER A., *Hox* gene variation and evolution, *Nature,* 391 : 225-8, 1998.

245. GEOFFROY SAINT-HILAIRE E. DE, Philosophie anatomique, *Mem. Mus. Hist. Nat., Paris,* 9 : 89-119, 1822.

246. HOLLAND L. Z., KENE M., WILLIAMS N. A., Holland N. D., Sequence and embryonic expression of the *Amphioxus engrailed* gene *(AmphiEn)* : the metameric pattern of transcription resembles that of its segment-polarity homolog in *Drosophila, Development,* 124(9) : 1723-32, 1997.

247. STURTEVANT A. H., Inheritance of direction of coiling in *Limnea, Science,* 58 : 269-70, 1923.

248. STANLEY S. M., Gastropod torsion : predation and the opercular imperative, *N. Jahb. Geol. Paleont. Abh.,* 164 : 95-106, 1982.

249. RIJLI F., MARK M., LAKKARAJU S., DIERICH A., DOLLÉ P., CHAMBON P., A homeotic transformation is generated in the rostral branchial region of the head by disruption of *Hoxa-2,* which acts as a selector gene, *Cell,* 75 : 1333-49, 1993.

250. PALMER R. W., Note on the lower jaw and ear ossicles of a foetal *Perameles, Anatomischer Anzeiger,* 43 : 510-15, 1913.

251. PAPAYANNIPOULOS V., TOMLINSON A., PANIN V. M., RAUSKOLB C., IRVINE K. D., Dorsal-Ventral Signaling in the *Drosophila* Eye, *Science,* 281 : 2031-4, 1998.

252. DAWKINS R., L'œil en un clin d'œil, *Nature,* 368 : 690-1, 1994.

253. BAUCHAU V., LESSELLS K., La sélection naturelle, principe nécessaire et suffisant, *La Recherche,* 296 : 112-7, 1997.

254. RYAN A. K., BLUMBERG B., RODRIGUEZ-ESTEBAN C., YONEI-TAMURA S., TAMURA K., TSUKI T., DE LA PENA J., SABBAGH W., GREENWALD J., CHOE S., NORRIS D. P.,

ROBERTSON E. J., EVANS R. M., ROSENFELD M. G., BEL-
MONTE J. C. I., *Pitx-2* determines left-right asymetry of
internal organs in vertebrates, *Nature,* 394 : 545-51, 1998.

255. FROMENTAL-RAMAIN C., WAROT X., MESSADECQ N.,
LEMEUR M., DOLLÉ P., *Hoxa-13* et *Hoxd-13* play a crucial
role in the patterning of the limb autopod, *Development,* 122 :
2297-3011, 1996.

256. DOLLÉ P., DIERICH A., LEMEUR M., SCHIMMANG
T., SCHUBAUR B., CHAMBON P., DUBOULE D., Disruption
of the Hoxd-13 Gene Induces Localized heterochrony Lea-
ding to Mice with Neotenic Limbs, *Cell,* 75, 431, 1993.

257. AIMERL, S., DE VORE, I., *Les Primates*, Collection
Time-Life, 1969.

258. SCHULTZ A. H., *Les Primates*, Rencontre, Lausanne,
1972.

259. SASSONE-CORSI P., Molecular clocks : mastering
time by gene regulation, *Nature,* 392 : 871-4, 1998.

260. GASSER T., KNEIP A., ZIEGLER P., LARGO R.,
MOLINARI L., PRADER A., The dynamics of growth of
width in distance, velocity and acceleration, *Ann. Hum.
Biol.,* 18 : 449-61, 1991.

261. MEYER A., The evolution of body plans :
HOM/Hox cluster evolution, model systems, and the
importance of phylogeny, In : *New Uses for New Phyloge-
nies* (P. H. Harvey, L. Brown, J. Maynard-Smith, S. NEE,
Eds.), Oxford Univ. Press : 322-40, 1996.

262. PRINCE V. E., JOLLY J., EKKER M., HO R. K.,
Zebrafish *hox* genes : genomic organization and modified
colinear expression patterns in the trunck, *Development,*
125 : 407-20, 1998.

263. BOULIGAND Y., La petite fronde anti-Darwin des
années récentes, 751-83, 1997.

264. BRUN B., CÉZILLY F., Complexité et évolution biologique : critique des résistances à l'interprétation néodarwinienne, In : *Le Tout de la partie* (J. GERVET, A. TÊTE,
Eds). Université de Provence : 21-39, 1988.

265. SALAZAR P., De l'argumentation darwinienne à l'épistémologie évolutionniste. Critique de l'argumentation biologique de Karl Popper, *Fundamenta Scientiae,* 9(1) : 97-116, 1988.

266. NOTTALE L., *La relativité dans tous ses états. Au-delà de l'espace-temps*, Hachette Littératures, Paris, 1998.

267. CHALINE J., Vers une nouvelle théorie globale de l'évolution. *Ethique. La Vie en question,* Editions Universitaires, 18 : 9-18, 1995.

268. CHALINE J., Les caractéristiques de la nouvelle théorie globale de l'évolution, In : *L'Evolution biologique. Science, histoire ou philosophie ?* (J. M. EXBRAYAT, J. FLATIN, Eds.), 343-6, 1997.

Table des matières

Avant-propos 11

Chapitre premier

LES ANCIENS CONCEPTS INTÉGRÉS DANS LE STADE
SYNTHÉTIQUE 17

1.1 – Les idées de transformisme et d'évolution graduelle   18
1.2 – L'adaptation à l'environnement : la sélection naturelle   20
1.3 – Les chaînons manquants 23
1.4 – Les relations entre le développement et l'histoire
     évolutive des organismes...................................... 24

     1.4.1 – Le développement comme argument évolutif   25
     1.4.2 – Récapitulation et phylogenèse 27
     1.4.3 – La loi biogénétique de Haeckel 29
     1.4.4 – La reformulation de Garstang et l'embryolo-
         gie expérimentale 31

1.5 – Les lois de la génétique de Mendel...................... 32
1.6 – La séparation des cellules reproductrices et somatiques   34
1.7 – Le rôle des mutations 35
1.8 – La systématique des populations........................ 36

Chapitre 2

LE STADE *SYNTHÉTIQUE* 39

2.1 – Le volet génétique.. 39
2.2 – Le volet biologique... 41
2.3 – Le volet paléontologique.................................... 43
2.4 – Les nouveaux concepts du stade *synthétique* de la
     théorie de l'évolution 46

Chapitre 3

LA RÉVOLUTION MOLÉCULAIRE 51

3.1 – De l'ADN au code génétique 51
3.2 – Le gène et ses mutations 56
3.3 – La théorie neutraliste de l'évolution 58

Chapitre 4

HIÉRARCHIE DU VIVANT ET RÉNOVATION CLADISTIQUE   63

4.1 – Un système très hiérarchisé 63
4.2 – La systématique évolutive 66
4.3 – La systématique phylogénétique ou cladisme 67

    4.3.1 – Les principes de la systématique phylogéné-
            tique 68
    4.3.2 – La démarche cladistique et ses biais 69
    4.3.3 – Découplage des niveaux d'organisation 71

Chapitre 5

CONTINUITÉ ET DISCONTINUITÉ
Les remises en cause de la paléontologie 73

5.1 – La morphologie géométrique 74
5.2 – Les modèles évolutifs : continuité ou discontinuité
      dans l'évolution ? 76

    5.2.1 – Evolution graduelle et canalisation 77
    5.2.2 – Le ponctualisme 78
    5.2.3 – Coexistence du ponctualisme et du gradua-
            lisme 80
    5.2.4 – L'évolution graduelle crée-t-elle de nouvelles
            espèces ? 83

Chapitre 6

RECONSIDÉRATION DU RÔLE DU HASARD 85

6.1 – Le hasard des mutations 85
6.2 – Le hasard dans les contraintes internes : les cinq
      loteries de l'évolution 86
6.3 – L'évolution est-elle déterministe ? 87

6.4 – Existe-t-il une loi d'extinction des espèces ? 88
6.5 – L'évolution biologique serait-elle contrôlée par des lois
mathématiques résultant d'une structuration fractale ? 89

Chapitre 7

LE HASARD EVÉNEMENTIEL ET LA CONTINGENCE 93

7.1 – Biosphère, disparité, biodiversité et décimation :
le bonsaï de l'arbre de la vie 93
7.2 – Les facteurs géologiques 96

7.2.1 – La répartition des continents et des mers 96
7.2.2 – Les variations du niveau des mers 98
7.2.3 – Les circulations océaniques et les climats 100
7.2.4 – Climats continentaux et extinctions 101
7.2.5 – Activité volcanique et extinction 104

7.3 – Les facteurs géologiques extraterrestres 105
7.4 – Les facteurs anthropiques 107
7.5 – Le hasard événementiel et la contingence de
l'évolution 108

Chapitre 8

LES DÉRÈGLEMENTS DU DÉVELOPPEMENT
Les horloges du vivant 111

8.1 – Le développement standard 111
8.2 – Les hétérochronies du développement 115
8.3 – Les altérations de la vitesse du développement 118

8.3.1 – La décélération ou néoténie 120
8.3.2 – L'accélération 122

8.4 – Les altérations de la durée du développement 123

8.4.1 – L'hypomorphose ou progenèse 124
8.4.2 – L'hypermorphose 125

8.5 – Nanisme et gigantisme 126
8.6 – Les pré et post-déplacements du développement d'un
caractère 127
8.7 – Les chrono-hétérochronies 127
8.8 – Les mosaïques hétérochroniques 128

8.9　–L'ambiguïté des hétérochronies 132
8.10–Les innovations, l'atavisme et les anomalies
　　　du développement 132

　　　8.10.1–Les innovations 132
　　　8.10.2–L'atavisme.. 133
　　　8.10.3–Les anomalies du développement 134

8.11–Les hétérochronies et l'environnement 135

　　　8.11.1–Le contrôle environnemental de l'hypomor-
　　　　　　phose de l'axolotl 136
　　　8.11.2–Les changements d'environnement ou de
　　　　　　zone adaptative 137
　　　8.11.3–Développements larvaires et changements
　　　　　　d'écologie 139
　　　8.11.4–Les horloges du développement 140

Chapitre 9

LES MÉCANISMES GÉNÉTIQUES DES *HORLOGES DU VIVANT*　143

9.1 –Y a-t-il une seule mécanique évolutive ?
　　　Macro et micro-évolution............................... 143
9.2 –Les homéogènes, ressorts des *horloges du vivant* 145
9.3 –Des exemples très démonstratifs du rôle des
　　　homéogènes 149

　　　9.3.1　–La segmentation des organismes :
　　　　　　l'inversion de structure insectes/vertébrés .. 149
　　　9.3.2　–La formation d'une mouche.................... 150
　　　9.3.3　–L'apparition du vol chez les insectes 153
　　　9.3.4　–L'origine du plan d'organisation gastéropode 154
　　　9.3.5　–Le passage des Agnathes aux Gnathostomes 155
　　　9.3.6　–Un saut entre les plans d'organisation
　　　　　　reptiles-mammifères 156
　　　9.3.7　–La formation de l'œil 158
　　　9.3.8　–L'asymétrie des organes internes des vertébrés 159
　　　9.3.9　–Comment se forment les pattes des Tétrapodes ? 160
　　　9.3.10–Les rythmes biologiques 164

9.4 –L'évolution des gènes *Hox* 166
9.5 –Les mutations des gènes *Hox* remettent en cause
　　　l'adaptation progressive 168

9.5.1 – Exaptation 168
9.5.2 – Graduaptation et saltaptation 169

9.6 – Comment une innovation peut-elle se maintenir ? .. 170

Chapitre 10

DU STADE *SYNTHÉTIQUE* AU STADE DES *HORLOGES DU VIVANT* 173

10.1 – Les remises en cause scientifiques du stade *synthétique* de la théorie 174

10.1.1 – La nouvelle génétique 174
10.1.2 – Le hasard revisité 176
10.1.3 – Gradualisme et ponctualisme 177
10.1.4 – Les échelles du vivant 179
10.1.5 – Les chaînons manquants replacés à leur échelle 180
10.1.6 – Une mécanique évolutive souple et économique 181
10.1.7 – Macro-évolution et micro-évolution 183
10.1.8 – L'adaptation reconsidérée 183
10.1.9 – Le rôle de la sélection naturelle précisé ... 185

10.2 – Le stade *synthétique* de la théorie est maintenant dépassé ! 186
10.3 – Vers un nouveau stade de la théorie de l'évolution, celui des *horloges du vivant* ? 187
10.4 – Les concepts évolutifs majeurs du nouveau stade de la théorie 188

10.4.1 – La structure de l'ADN 188
10.4.2 – La réplication de l'ADN et les mutations 189
10.4.3 – Le modèle de régulation du gène, l'opéron 190
10.4.4 – La mécanique de transcription du messager ARN 190
10.4.5 – La transcriptase inverse 191
10.4.6 – Le code génétique 191
10.4.7 – Les gènes sauteurs ou transposons 192
10.4.8 – Le neutralisme de certaines mutations... 192
10.4.9 – Les altérations du développement 193
10.4.10 – Le modèle des gènes de régulation et les gènes *Hox* 193

10.4.11 – L'utilisation de la méthode cladistique .. 195
10.4.12 – Le modèle des équilibres et déséquilibres
      ponctués 195
10.4.13 – Graduaptation, saltaptation et exaptation 196
10.4.14 – La hiérarchie d'organisation 196
10.4.15 – Disparité, décimation, biodiversité et
      extinction en masse............................ 197
10.4.16 – L'aspect événementiel et contingent de
      l'évolution 198
10.4.17 – Les structurations fractales de certains
      phénomènes évolutifs 198

10.5 – Les mots clés du nouveau stade des *horloges du vivant*
   de la théorie de l'évolution............................. 199

   10.5.1 – Hiérarchique...................................... 200
   10.5.2 – Saltatoire... 200
   10.5.3 – Evénementiel 201
   10.5.4 – Chaotique.. 202

10.6 – L'avenir de la théorie de l'évolution 203

Références 209

Table des matières.. 231

Cet ouvrage a été composé par
I.G.S. - Charente Photogravure à L'Isle-d'Espagnac (16)